关肇邺设计奖作品集（2021）

Awarded and Nominated Graduation Designs for GUAN Zhaoye Award (2021)

清华大学建筑学院　编

中国建筑工业出版社

前 言

本书收录了 2021 年第一届清华大学建筑学院关肇邺奖学金设计奖共计 12 份获奖和提名作品。这些作品较全面地涵盖了清华大学建筑学院四类建筑学毕业设计作品，包括：3 份建筑学专业硕士毕业设计作品，3 份建筑学硕士英文项目（EPMA）毕业设计作品，3 份五年制建筑学本科毕业设计作品，3 份本硕贯通四年本科阶段毕业设计作品。

这些获奖与提名作品的选题，广泛地覆盖了当下建筑学所关注的热点问题：从北京通州副中心的新建大学校园综合体到菲律宾布拉干的搬迁社区，从济宁泗水的乡村振兴工作站到北京 798 艺术区的建筑装置，从面向老龄化趋势的适老化社区到以生态修复为目标的曼谷滨海红树林游憩中心……

同时，这些在尺度和话语上存在如此巨大差异的作品之间，又都表现出近年来在清华大学建筑学院的设计教学中始终贯穿的批判性与研究性，反映了年轻一代建筑师对于建筑设计的执着追求和强烈的社会责任感。这正是关肇邺先生于 2021 年 6 月 19 日捐赠个人收入设立关肇邺奖学金基金所意欲鼓励的价值导向。

首届关肇邺奖学金设计奖评委员会包括：中国工程院院士、清华大学建筑学院庄惟敏教授，中国电子工程设计院顾问总建筑师、中国工程勘察设计大师黄星元先生，中央美术学院建筑学院院长、朱锫建筑设计事务所创始人朱锫教授，MAD 建筑事务所创始人马岩松先生，以及清华大学建筑学院张利、张悦、李晓东、程晓青、韩孟臻、程晓喜、罗德胤等教师。

最终，王梓安的作品《庭山馆——北京三山五园艺术中心》和 Nathan Mehl（马森）的作品《曼谷滨海红树林修复与游憩中心设计》幸运地分享了首届关肇邺奖学金设计奖；燕钊、匡天宇、曹煜轩、王希典、崔朝阳、陈建安、周翔峰、董欣儿、Lee Min Hui（李敏慧）、Clarisse Daniella Sy Gono（吴秀清）10 位学生的作品荣获关肇邺奖学金提名奖。

本书以设计作品的清晰呈现为目的，以图文混排的方式，尽量清晰地展示每位作者的学术关注点与设计思考。作品最后扼要地摘录了评委会的评语与建议。

获奖作品

提名作品

获奖作品

庭山馆
——北京三山五园艺术中心
Art Centre of the Former Royal Gardens, Beijing

奖学金获得者　　　王梓安
Prize Winner　　　Wang Zian

指导教师　　　　　张利　邓慧姝
Tutors　　　　　　Zhang Li　Deng Huishu

本科四年级毕业设计
Graduation Project for 4th Year Undergraduate Student

远望

入口

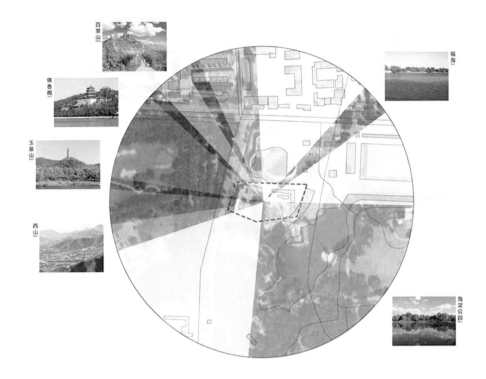

场地分析

　　北京三山五园艺术中心，地处北京西北郊，位于旧时的畅春园西花园，即现在的海淀公园的西北一角。项目处在三山五园区域十分核心的位置，是一个历史、文化与自然环境都极为丰富的地段，项目与三山五园、与北京的山水空间的关系是这一设计最为核心的思考。三山五园是一个完整的系统，设计希望这一建筑的使用者能够感知与理解三山五园地区整体的空间结构、蓝绿系统，尤其是视线上的呼应关系。

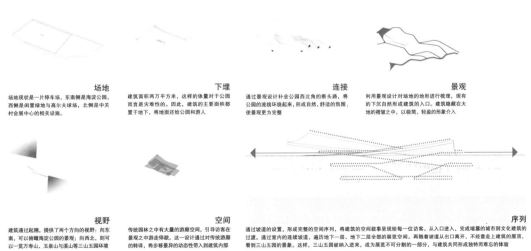

场地
场地现状是一片停车场，东南侧是海淀公园，西侧是闲置绿地与高尔夫球场，北侧是中关村会展中心的相关设施。

下埋
建筑面积两万平方米，这样的体量对于公园而言是灾难性的。因此，建筑的主要面积都置于地下，将地面还给公园和游人

连接
通过景观设计补全公园西北角的断头路，将公园的流线串联起来，形成自然、舒适的氛围，使景观更为完整

景观
利用景观设计对场地的地形进行梳理，现有的下沉自然形成建筑的入口。建筑隐藏在大地的褶皱之中，以极简、轻盈的形象介入

视野
建筑通过起翘，提供了两个方向的视野：向东南，可以俯瞰海淀公园的景观；向西北，则可以一览万寿山、玉泉山与溪山等三山五园环境

空间
传统园林之中有大量的游廊空间，引导访客在景观之中游走停歇。这一设计通过对传统游廊的转译，将步移景异的动态性带入到建筑内部

序列
通过坡道的设置，形成完整的空间序列，将建筑的空间叙事呈现给每一位访客。从入口进入，完成喧嚣的城市到文化建筑的过渡。通过室内的连续坡道，遍历地下一层、地下二层全部的展览空间。再随着坡道从出口离开，不经意走上建筑的屋顶，看到三山五园的景象。这样，三山五园被纳入进来，成为展览不可分割的一部分，与建筑共同形成独特而难忘的体验

　　建筑需要容纳历史、文化、艺术等多个种类的展览，总建筑面积要求 20000m²。但由于地段有限高 12m 和 2700m² 地上建筑面积限制，有 90% 的建筑空间必须处于地下。因此，设计不仅要使建筑有机地融入环境，还要重点关注如何为大规模的地下空间解决采光、通风、疏散等功能，同时塑造出众的空间品质，将访客从地面引导至地下空间。

屋顶花园

南侧花园

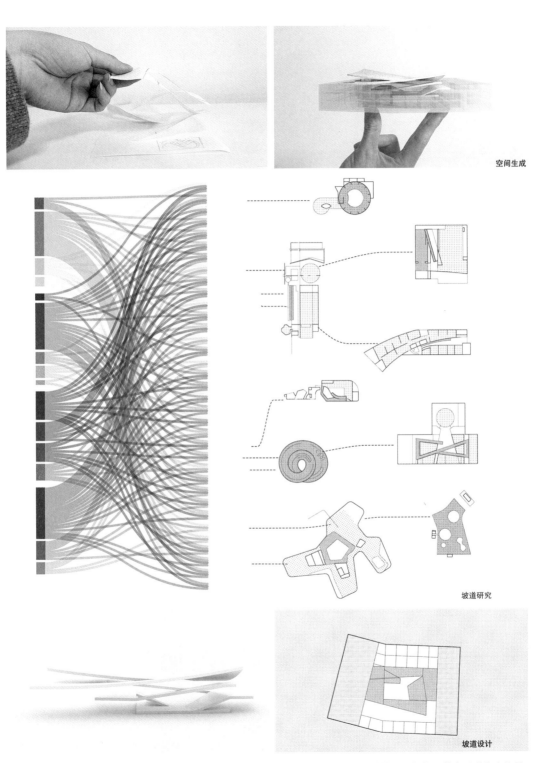

空间生成

坡道研究

坡道设计

　　传统中国园林常是通过巧妙的设计，在有限的空间之中营造出连续的、无限的体验，如使用游廊形成移步换景、步移景异的动态感受，带领游人在园林空间中自如地穿梭游览。这在现代建筑之中也屡见不鲜。

总平面图

　　建筑以简洁的形态和简单的体量介入场地，融入在环境之中，似地形一般起伏延伸。屋面与公园的草坪相接，访客可以不经意地走上建筑屋顶，饱览山水风光。在入口与室内，自然光被有选择地引入，建筑通过丰富细腻的光线吸引访客一步步进入地下空间，随流线的开合转折体验建筑与其间展览。窗洞与庭院带来室内外的模糊渗透，引入天光云影的变化，营造动态的建筑体验。

庭院与室内

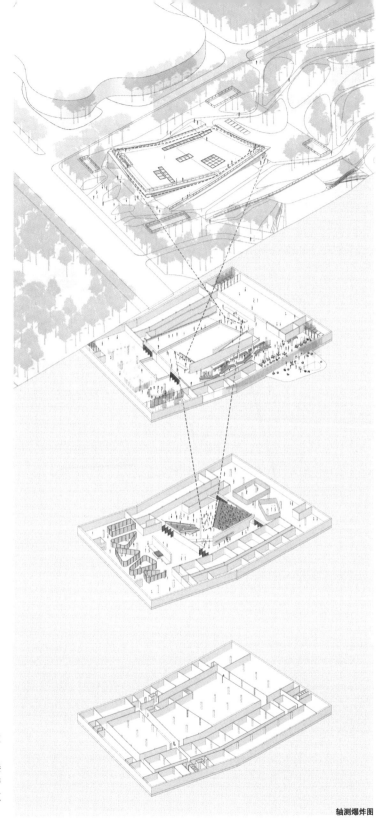

参考传统的游廊空间，这一项目以连续的路径串联建筑：从地面开始，连续的路径连接所有展厅和功能空间，最终带领访客走上建筑的屋顶，一览三山五园风景。

轴测爆炸图

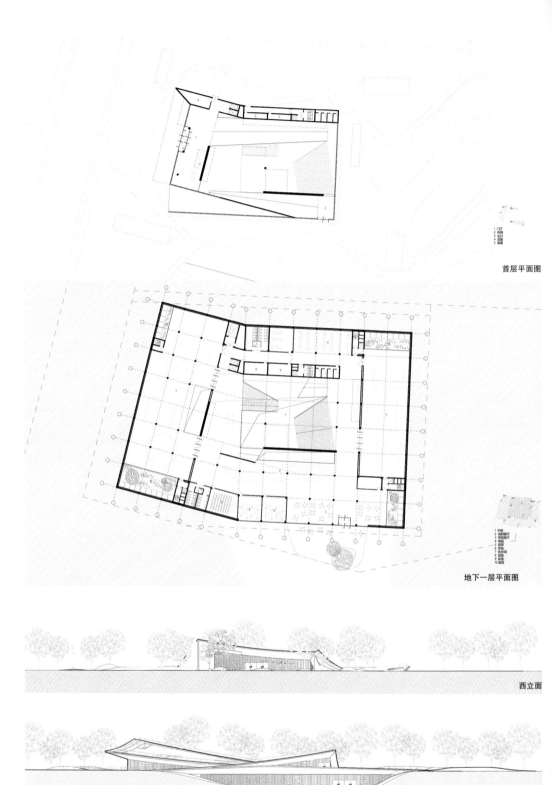

首层平面图

地下一层平面图

西立面

南立面

建筑室内空间围绕中部的中庭布置，形成清晰的空间结构。中庭承担多种功能，可休憩、可展览、可集会，展厅则围绕在其两侧，通过庭院或天窗带来丰富的自然光线。利用场地现有的地形起伏，建筑的地下一层朝南侧公园形成开放的入口，为咖啡和办公等功能带来优质的风景与光照。

望向庭院

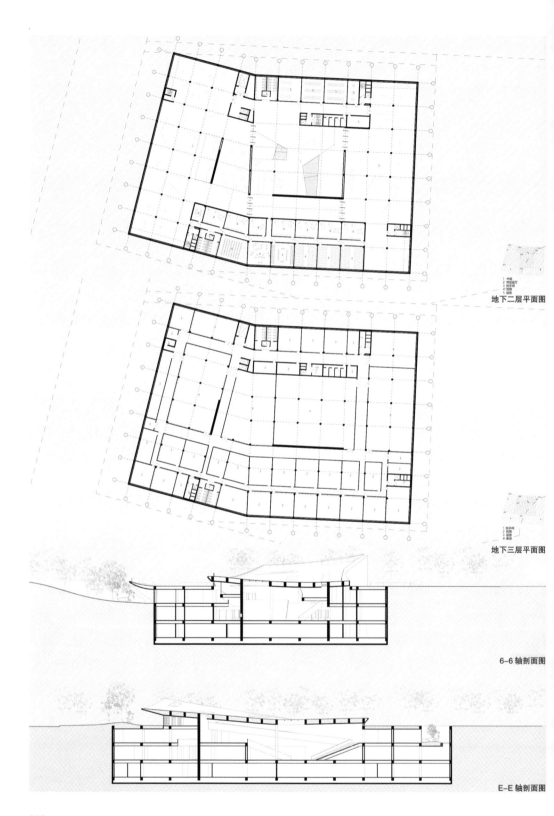

地下二层平面图

地下三层平面图

6-6 轴剖面图

E-E 轴剖面图

中庭1

中庭2

"看庭前花开花落，望天上云卷云舒"，在相对复杂的地段环境和限制条件下，这一项目试图以温和而克制的方式介入场地，在积极融入公园环境及山水结构的同时，为室内空间营造舒适而丰富的建筑体验。

中庭3

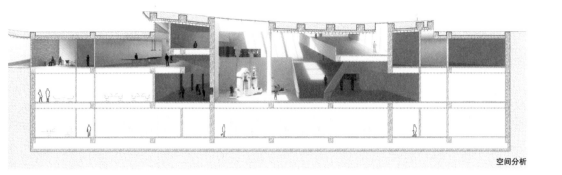

空间分析

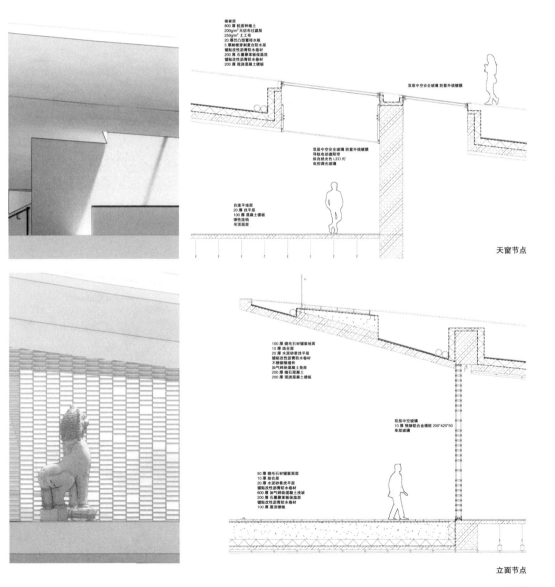

种植层
800 厚 轻质种植土
200g/m² 无纺布过滤层
250g/m² 土工布
20 厚凹凸型蓄排水板
5 厚耐根穿刺复合防水层
铺贴改性沥青防水卷材
200 厚 石墨膜苯板保温层
铺贴改性沥青防水卷材
200 厚 现浇混凝土楼板

双层中空安全玻璃 防紫外线镀膜

双层中空安全玻璃 防紫外线镀膜
导轨电动遮阳帘
拟自然光色 LED 灯
电控调光玻璃

自流平地面
20 厚 找平层
100 厚 混凝土楼板
弹性挂钩
吊顶面层

天窗节点

100 厚 烧毛石材铺装地面
10 厚 结合层
20 厚 水泥砂浆找平层
铺贴改性沥青防水卷材
不锈钢锚固件
加气砼块混凝土找坡层
200 厚 碎石混凝土
200 厚 现浇混凝土楼板

双层中空玻璃
10 厚 预制铝合金横梃 200*420*50
单层玻璃

50 厚 烧毛石材铺装面层
10 厚 结合层
20 厚 水泥砂浆找平层
铺贴改性沥青防水卷材
600 厚 碎石块混凝土找坡层
200 厚 石墨膜苯板保温层
铺贴改性沥青防水卷材
100 厚 屋顶楼板

立面节点

015

远景

剖面模型

评委点评

黄星元： 地段所在的三山五园环境非常好，天时地利，具有十分奇妙的环境特点。整个设想抓住了一个很重要的点：光线的渗透。主要的使用面积放在了地下，但是光线分层渗透到了使用空间，把建筑活化了。在整个园区，在不影响地面现状情况下，把所有的功能解决得非常好。由于光线的存在，使空间有积极的效果。我认为这是一个挺好的设想！

马岩松： 我觉得方案整体特别娴熟，整个空间、形体、语言等等，而且因为光线的存在，甚至有一些具有精神性的空间。但突然听到你说园林以后，我想得更多，因为我觉得园林之中具有许多特别主观和个人的体验，使得其中存在非常戏剧性的独特的空间。在我的理解中，园林不是一个模式化的东西，不是和另外的一个差不多的，但是这样的建筑里，好像有点缺少这种特别个人、主观的创造的东西。

李晓东： 总体感觉非常好，我提两个技巧上的事：一个是我觉得那个柱子如果能去掉就更纯粹了；第二点就是灰空间，檐口底下的灰空间如果再深一点，把这个空间再利用起来会更好。因为中国园林里面灰空间是特别重要的，而方案中这个灰空间好像浅了一些，那一段没有被用上，如果那一段再能用上，我觉得会很棒。

朱锫： 我看了这个设计还是挺有感受的，我觉得抓住了中国传统建筑那种可游可穿越的特点。整个建筑的形式很像切入地面，然后人在其中形成了一种自上而下、从左至右的一种穿越感，这种可游的特点恰恰是中国建筑中特别强调的，是中国传统建筑的特点。而且整个建筑设计在尺度上把握得非常好。比如我看到几个艺术家的作品，如徐冰的作品与两个相对的楼梯，自然重力的作品与两个形象的楼梯组织得恰到好处。如果要有个小建议，看剖面，会发现如果结构形式能摆脱梁柱的结构形式，结合它的面状，把它的曲面屋顶折下来形成墙面地面，更加从空间结构的角度去思考建筑的话，可能这个建筑就更加出色、更加出彩。

曼谷滨海红树林修复与游憩中心设计
Bangkok Waterfront: Mangrove Recreation and Rehabilitation Center

获奖者   马森
Prize Winner Nathan Mehl

指导教师 张悦
Tutor   Zhang Yue

EPMA 建筑学硕士英语项目毕业设计
English Program for Master in Architecture (EPMA) Graduation Project

什么是曼谷滨海红树林？
What is Bangkok Waterfront?

由于曼谷都市区的快速发展，加上虾场和其他水产养殖的大规模扩张，泰国湾北部海岸线的红树林遭到破坏，其中包括长度超过 4.7km 的、曼谷唯一的 Bang Khun Thian 海岸线聚落。

The rapid urban development of the Bangkok Metropolitan Region along with massive expansion of shrimp farms and other aquaculture led to destruction of the mangrove forests along the Gulf of Thailand northern shoreline, including the 4.7–km. stretch of Bang Khun Thian, the only shoreline in Bangkok.

城市的不断扩张和海平面的上升共同侵占着沿着海岸线红树林生态系统的生存空间。本设计提出了通过提供一个对人和自然都有利的环境，创造一个高产值的红树林作为问题的解决办法。作为城市基础设施的一部分，它为城市居民提供娱乐空间，同时使红树林不断向上游生长，以恢复场地红树林生态系统的规模；设计最终呈现为一种社区森林的聚居形态。

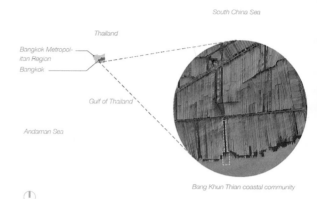

Bang Khun Thian coastal community

区位分析图 Site Analysis

Along the coastline the mangrove ecosystem is caught between expansion of the urban area and rising sea levels. The solution is to create a productive mangrove that avoids encroachment by providing an environment that is mutually beneficial to people and nature. As part of the urban infrastructure, it has recreational uses for urban dwellers, while becoming a type of community forest by enabling the mangrove to migrate up shore and enhancing the aim to rehabilitate nature.

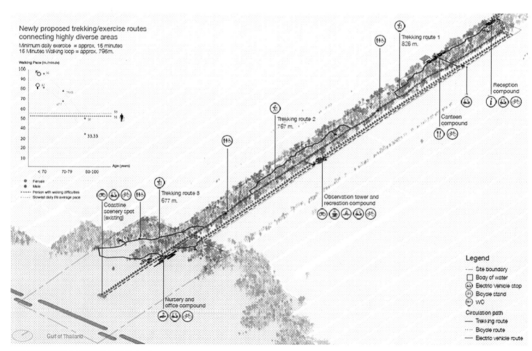

总平面 Masterplan of Bangkok Waterfront

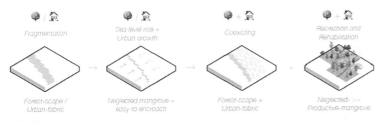

Fragmentation

Forest-scape / Urban-fabric

Sea level rise + Urban growth

Neglected mangrove = easy to encroach

Coexisting

Forest-scape + Urban-fabric

Recreation and Rehabilitation

Neglected- >> Productive-mangrove

设计理念 Design Concept

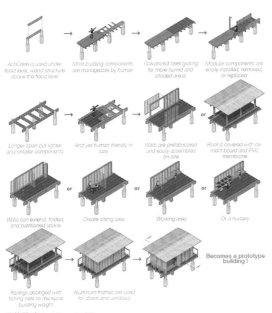

AshCrete is used under flood level, wood structure above the flood level

Most building components are manageable by human

Galvanized steel grating for more humid and shaded areas

Modular components are easily installed, removed, or replaced

Longer span but lighter and smaller components

And yet human friendly in size

Walls are prefabricated and easily assembled on-site

Roof is covered with cement board and PVC membrane

Walls can extend, folded, and partitioned space

Create sitting area

Working area

Or a nursery

Railings designed with fishing nets to decrease building weight

Aluminum frames are used for doors and windows

Becomes a prototype building !

建筑原型 Prototype Building

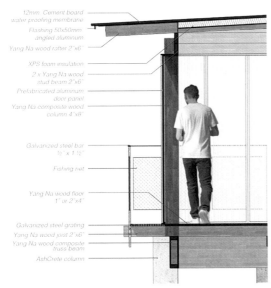

12mm. Cement board
water proofing membrane

Flashing 50x50mm
angled aluminum

Yang Na wood rafter 2"x6"

XPS foam insulation

2 x Yang Na wood
stud beam 2"x6"

Prefabricated aluminum
door panel

Yang Na composite wood
column 4"x8"

Galvanized steel bar
½" x 1 ½"

Fishing net

Yang Na wood floor
1" or 2"x4"

Galvanized steel grating

Yang Na wood joist 2"x6"

Yang Na wood composite
truss beam

AshCrete column

建筑典型剖面 Typical Section of the Prototype Building

设计理念
Design Concept

在狭窄的 1.5km 长的场地内，设计创造了一个探索自然的新徒步路线，并在徒步路线沿线插入了休闲建筑组团；而这些设施将交由附近的居民经营。红树林恢复设施组团则布置在海岸线附近。

New routes to explore nature are proposed within the narrow 1.5–kilometer–long site, together with recreational facilities inserted in the forest and along the border, which will be operated by neighboring local residents. Mangrove rehabilitation facilities are sited near the shoreline.

原型设计和建设方法
Prototype Building and Construction Method

项目以建筑原型设计作为出发点：建筑原型的结构应易于根据周围环境特征进行调整变化；为了降低运输成本、减少施工现场的人力成本，建议采用预制模块化的建筑结构。

项目采取木材作为最主要的建造材料，并且采用模数控制以削减建筑构件的种类。对于需要经常维护的部分，如灯柱、栏杆和地板格栅等区域，设计采用了镀锌钢材。为进一步减轻建筑的重量，设计在门窗框架的部分采用了铝材，在门窗以及栏杆上采用了渔网作为建造材料。

In the initial stage a prototype building is conceived. The structures should be easy to adapt and adjust according to surrounding conditions. A prefabricated modular structure is proposed, allowing for more efficient transportation and reducing onsite work.

Timber as a raw material is available in various fixed sizes and light in weight. Lastly, galvanized steel is used for other building components such as lamp posts, railings, and floor gratings in areas where easy maintenance is required. To further reduce building weight, aluminum frames for doors and windows and railings with the use of fishing nets are applied throughout the site.

组成要素
Elements of Bangkok Waterfront
路径
Pathway

新的步行路径拉近了人与自然的距离 New Walking Paths Bring Visitors Closer to Nature

新的游览路径将游客与自然环境连接起来,连接了各个功能组团,并且与电力、供水和污水管道等基础设施的共同管廊进行协同设计。徒步路径设计了五个角度的转弯模块和两种栏杆模块;通过这些模块的拼接和组合,使得路径可以根据其蜿蜒穿过的自然环境进行调整。

The new paths connect visitors to the natural surroundings, provide links between buildings, and routes for infrastructure, such as electricity, water supply, and wastewater pipes. The typical design of the walkway allows alterations according to the natural surroundings it meanders through, from 5 angles of turning points to railings that have two typical designs.

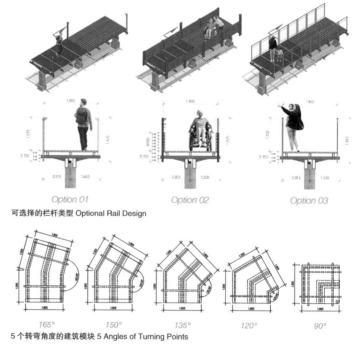

Option 01   Option 02   Option 03

可选择的栏杆类型 Optional Rail Design

165°   150°   135°   120°   90°

5个转弯角度的建筑模块 5 Angles of Turning Points

接待处
Reception Compound

接待处人视点透视图 View of the Reception

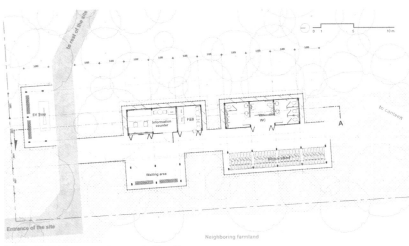

接待处组团平面图 Reception Compound – Floor Plan

游客到达曼谷海滨后，首先映入眼帘的是休憩中心的接待处；接待处由 5 栋建筑组成，以避免流线交叉。乘坐电动汽车到达的游客将在电动汽车站下车，下车后右手边即是信息柜台。游客可以选择乘坐电动汽车、骑自行车或步行进行游览。第一个徒步环线开始于接待组团的南端，并且经过餐厅组团。

Upon entering Bangkok Waterfront, visitors will arrive at the reception compound, comprised of 5 buildings arranged to avoid cross–circulation. Visitors arriving by an external EV service will disembark at the EV stop, with the information counter to their right. After check–in, visitors can choose to explore the site by EV service, bicycle, or on foot. The first trekking loop directly on the southern end of the reception compound, which is linked to the canteen compound.

从附近养殖区看向餐厅组团 View from the neighboring farmland towards the canteen compound

餐厅组团
Canteen Compound

餐厅大院是一个 60m 长的建筑组团，依附在该地区的西部边界；设计旨在连接附近的水产养殖户和森林：这些水产养殖户可以向游客提供食物、销售特色商品。

餐厅组团由 8 座中等大小的建筑物组成，它坐落在与水生养殖区接壤的堤坝上。考虑到高结构下沉风险，每栋建筑在结构上都是独立的，以避免结构的损坏。建筑的灵活性不仅体现在结构上，还体现在空间布局和与周围环境的关系上。环绕院落的格栅墙可以根据用户的需要重新排列、折叠以分隔空间。

The canteen compound, a 60-meter-long group of buildings attached to the site's western border, is meant to connect neighboring aquatic farm households with the forest. The households would supply food and sell products to visitors from their fish rafts.

The compound consists of 8 modest size buildings, sitting on a dike bordering the aquatic farmland. With high risk of subsidence, each building is structurally independent to avoid structural damage. Flexibility of the buildings lie not only in their structure, but also in the spatial arrangements and relation to the surroundings. The grill wall wrapping around the compound can be rearranged, folded to partition the space according to users' needs.

餐厅组团的中心走廊 View along the middle corridor of the canteen compound

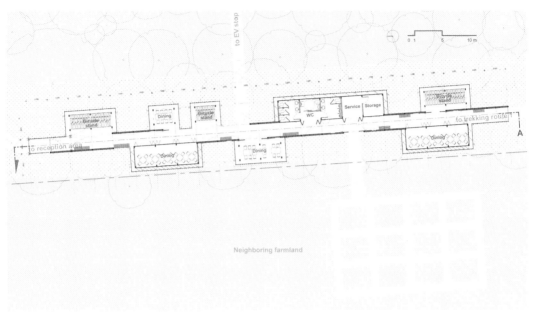

餐厅组团平面图 Canteen Compound – Floor Plan

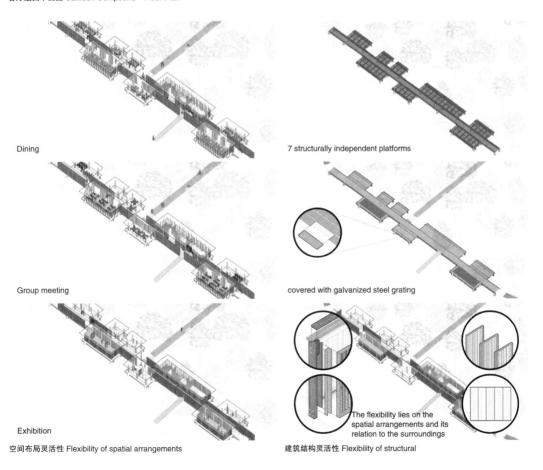

Dining

Group meeting

Exhibition

空间布局灵活性 Flexibility of spatial arrangements

7 structurally independent platforms

covered with galvanized steel grating

The flexibility lies on the spatial arrangements and its relation to the surroundings

建筑结构灵活性 Flexibility of structural

观景塔内部视角 Within the observation tower

观景塔和休闲区组团
Observation Tower & Recreation Compound

观景塔和休闲区建筑组团旨在将红树林与其邻居连接起来。建筑组团由一座观景塔、咖啡馆和由当地居民经营的皮艇码头组成。一般来说，观景塔通常更为高耸，但由于湿地平坦，且限高 12m，因此本设计提出采用水平线性的观景塔。

登上全程无障碍的观景塔的坡道，随着高度不断上升，游客可以体验到红树林从树干到树冠不断变化的景色。这座建筑完全由 Yang Na 木材制成，钢架和渔网共同组成了轻盈的建筑立面。

Another group of buildings intended to connect the mangrove to its neighbors is the observation tower and recreation compound. The compound consists of an observation tower, café, and kayak pier meant to be operated by local residents. An observation tower usually establishes a more vertical connection with the surroundings, but with the flat wetland and a 12-meter height restriction, a linear observation tower is proposed.

From the tower, visitors can experience a constant change of scenery, and observe mangroves from trunk up to their crown through a set of wheelchair-friendly ramps. The structure is made entirely from Yang Na timber, layered with a light facade made from fishing nets and steel frames.

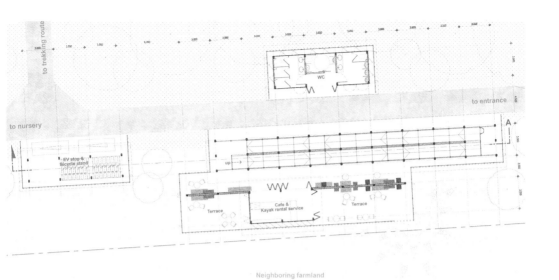

观景塔和休闲区组团平面图 Observation Tower & Recreation Compound – Floor Plan

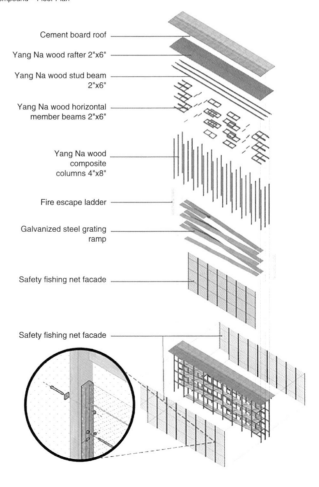

Cement board roof

Yang Na wood rafter 2"x6"

Yang Na wood stud beam 2"x6"

Yang Na wood horizontal member beams 2"x6"

Yang Na wood composite columns 4"x8"

Fire escape ladder

Galvanized steel grating ramp

Safety fishing net facade

Safety fishing net facade

观景塔的建构方式
Building elements of the observation tower

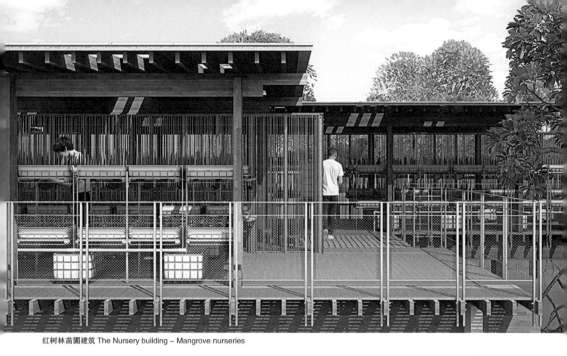

红树林苗圃建筑 The Nursery building – Mangrove nurseries

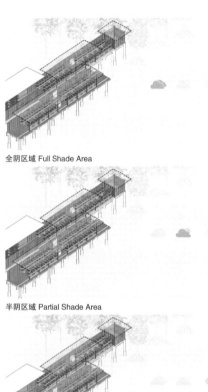

全阴区域 Full Shade Area

半阴区域 Partial Shade Area

全阳区域 Full Sun Area

办公和红树苗组团
Nursery & Office Compound

接近海岸线的是办公和红树林苗圃组团。组团右侧是办公区，它坐落在一片开阔的空地上，为红树林所荫蔽。组团左侧是红树林苗圃建筑，建筑的南侧是红树林生态修复地。

苗圃建筑的设计充分考虑到气候条件，力求为苗木的生长创造最佳条件。这座建筑的西侧采用一面格栅墙，以过滤并削弱强烈的午后光线。苗圃可分为全阴、半阴和全阳3个区域；屋顶上的采光洞口根据不同的功能而具有针对性地进行了设计，以为生长期的秧苗提供足够的阳光。

Once visitors approach the shoreline, they will arrive at a group of buildings. To the right is the office compound, situated on an open ground shaded by existing mangroves. To the left is the nursery building divided into 2 parts: the nursery area to the north and the rehabilitation area to the south.

The architectural design of the nursery responds to the climate and creates optimal conditions for the seedlings. The building is partitioned along the west side with a grill wall filtering the strong afternoon light. Holes in the roof are placed according to the various functions, to provide enough sunlight for older seedlings. Therefore, the nursery can be divided into 3 areas full shade, partial shade, and full sun.

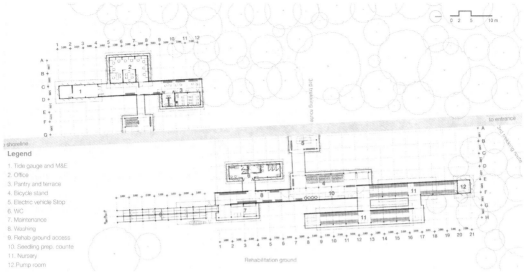

Legend

1. Tide gauge and M&E
2. Office
3. Pantry and terrace
4. Bicycle stand
5. Electric vehicle Stop
6. WC
7. Maintenance
8. Washing
9. Rehab ground access
10. Seedling prep. counter
11. Nursery
12. Pump room

办公和红树林苗圃组团平面图 The Office and Nursery Compound – Floor Plan

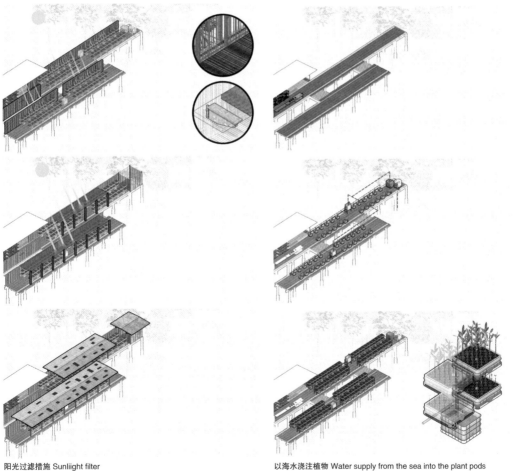

阳光过滤措施 Sunliight filter

以海水浇注植物 Water supply from the sea into the plant pods

观景塔和休闲组团 The Observation Tower and Recreation compound

结语
Summary

曼谷滨海红树林修复与游憩中心设计旨在促进海岸线红树林生态系统的修复；森林将慢慢向外生长，占据曾经空旷的泥滩，于是一幅曼谷海滨的红树林生态系统与人类活动共生的美好画卷将逐步展开。

The facility was designed to be a catalyst for the rehabilitation of the shoreline, not as a complete object of its own. The forest will slowly grow outwards and occupy the once empty mudflats, and then the Bangkok Waterfront will truly start to take shape.

生态修复后的曼谷海滨红树林 Bangkok Waterfront after the rehabilitation of mangrove

评委点评

李晓东： 从建筑设计理念的提出，到建筑细部的深化，整个建筑设计做得非常扎实，同时各个部分之间具有很好的连贯性。恭喜你完成了这个美妙的设计作品！

张利： 这个设计方案很好地定义了设计问题，并且给出了很好的解答。整个建筑结构的基础部分需要加以仔细的推敲设计。由于在建筑物的地下保持一个稳定的过程是极其具有挑战的，因此在技术的应用上需要采取一种谦卑谨慎的态度。

朱锫： 恭喜你完成了这个很棒的设计！它很细腻很扎实，并且采用了预制化系统，为社会的可持续发展做出了贡献。

Comments from the Judges

Li Xiaodong: From the concept to the architectural details, the design is very thorough and consistent. Congratulations on this beautiful project!

Zhang Li: This is a well-conceived solution to a well-defined problem. The base of the entire structure needs to be dealt with carefully. As it is extremely hard to keep a stable process underneath the ground level of the building, a humble supply of technologies is required.

Zhu Pei: Congratulations on this amazing design! It's detailed and solid, and it takes advantage of the prefabricated system, which contributes to the sustainable development of our society.

提名作品

融校于城

——基于开放式校园理念的中国人民大学新校区行政楼群设计

Design of the Administrative Building Clusters in New Campus of Renmin University of China based on the Concept of Open Campus

作者　　　　　　燕钊
Author　　　　　Yan Zhao

指导教师　　　　韩孟臻　胡越
Tutors　　　　　Han Mengzhen　Hu Yue

研究生毕业设计
Graduation Project for Graduate Student

中国人民大学新校区位于北京城市副中心（通州）。副中心规划要求"小街区、密路网""老城区逐步打通封闭大院内部市政道路"。因此，中国人民大学新校区也被要求采用开放式的校园规划。

但是，开放式校园与中国现有校园的空间模式存在诸多矛盾，造成了虽然政府推行开放式校园，但校园管理者却不愿开放的现状。简单地学习国外从校园封闭退到单体封闭，并不能适应我国国情，如何结合我国现有校园模式实现开放成为本设计所重点探讨的内容。

设计者首先对开放式校园理念进行了系统研究，概述了开放式校园中建筑群尺度的7种空间模式，并针对我国国情提出了"多层次开放与对应性空间组织"的建筑群总设计策略，以及功能复合化、交通一体化、开放空间体系化3个具体策略。

中国人民大学新校区区位（胡越工作室提供）

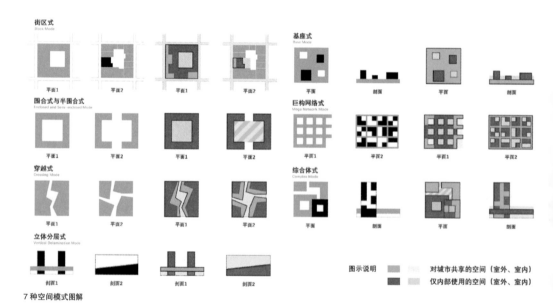

7 种空间模式图解

项目概况与地块分析

　　行政楼群地块位于中国人民大学新校区的南部边界，项目任务书提出了行政中心、会议中心、音乐厅、礼堂四个功能要求。

　　地块西半部分属于学部及教学组团（行政中心和会议中心），主要服务于校园师生，开放程度较低。这部分全天较长时间处于使用状态，需避免社会人群的过多干扰。地块东半部分属于文化体育组团（礼堂和音乐厅），既服务于校园师生，也服务于城市居民，开放程度很高。演出期间会出现瞬时性人流和使用高峰，且环境较为嘈杂，而在无活动时又会存在活力不足的问题。因此，如何能在同一地块内利用建筑的手段有效区隔校内外多种使用人群，使之既不会相互干扰，又能在不同时段互相提升活力成为设计的首要问题。

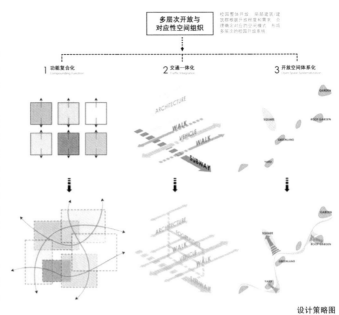

设计策略图

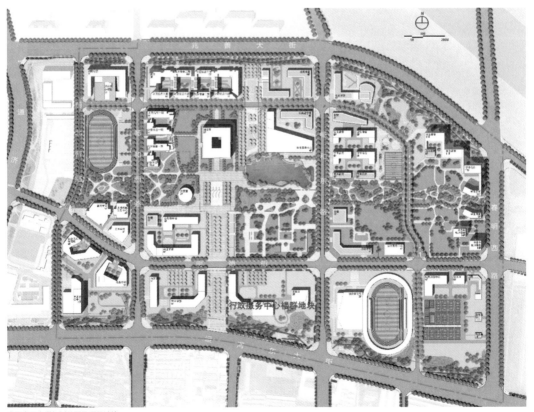

中国人民大学规划总图及项目地块
（作者在中国人民大学提供的总图上绘制）

交通人流方面，校园人流主要来自于地块以北的教学区和宿舍区，而城市人流主要来自地块以南的城市社区。值得注意的是，地块南部边界的城市绿化带中有一地铁站，未来将成为校园的重要人流来源，需要特别加以考虑。

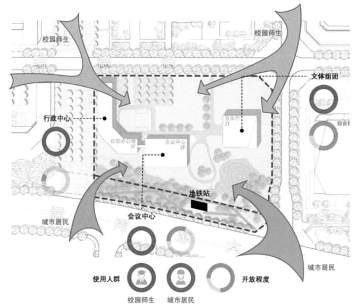

场地分析

建筑群尺度的设计

在建筑群尺度，设计者将地块视作城市与大学共享的过渡带，采用前述研究中提出的"穿越式"，创造性地引入从地铁站到地块北侧绿地的城市步道，从城市空间的角度来处理建筑群的关系，使之融入城市。穿越式是一种将城市空间引入建筑群内部的模式，更能激发校、城交流的可能性。

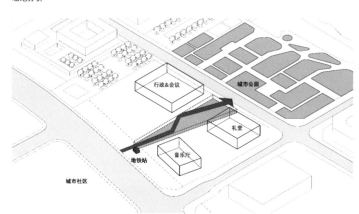

建筑群尺度的设计

城市步道上下分层，上层是市民穿行和休憩空间，下层主要是校园师生的活动空间，校园与城市的生活在这里建立了联系。同时，设计者置入雕塑感的景观屋架，进一步凸显了城市步道的形象，并营造了更适宜休憩的步道环境。

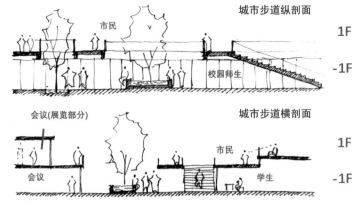

城市步道概念图示

方案鸟瞰，中间是贯穿地块的城市步道

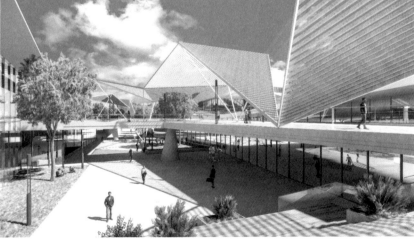

城市步道

从北边校园绿地看城市步道

建筑尺度的设计

在建筑尺度，开放程度很高的礼堂和音乐厅，采用立体分层式，连续斜坡屋面形成与城市共享的开放空间，文化广场两侧下挖有庭院，建立了室外空间与室内空间的渗透关系，编织起校城生活。

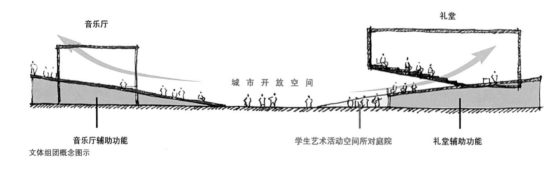

音乐厅 礼堂 城市开放空间

音乐厅辅助功能 学生艺术活动空间所对庭院 礼堂辅助功能

文体组团概念图示

音乐厅是一个白色半透明的立方体，夜晚如同发光的灯箱浮在草坪上，为绿化屋面提供柔和光照。礼堂是一个不规则多面体，立面采用不平整的、凸起的暖色石材，仿佛一块天外来石。一斜一正，一厚实一轻盈，一活泼一规矩，形成一组生动有趣的文体组团形象。

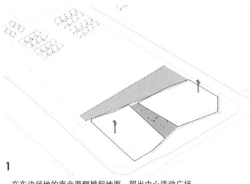

1

在东边场地的南北两侧掀起地面，留出中心活动广场

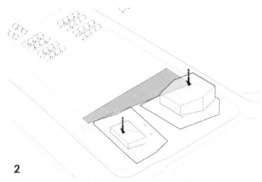

2

以不同方式置入礼堂和音乐厅，为中心的文化广场留出更多阳光

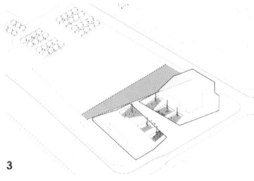

3

挖出入口、庭院、通道等创造内外交流的空间，将学生、市民的生活编织在一起

4

细化礼堂和音乐厅体形，完善屋面景观和入口

文体组团生成

从音乐厅屋面看向礼堂

　　开放程度较低的行政中心和会议中心，整体采用基座式，会议中心作为基座，使行政楼主体拥有不被干扰的办公环境。毗邻城市步道的会议中心建筑边界被碎化，使室内空间与城市步道的室外空间发生关系，空间交织渗透。

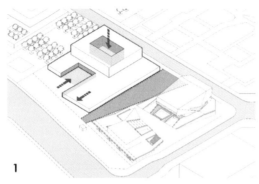

1

会议中心作为半围合基座，行政楼采用围合式，营造行政广场和主楼内院两个内部使用场所，实现人群分隔

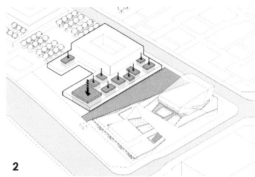

2

将会议室插入基座中，在基座外围留出公共空间

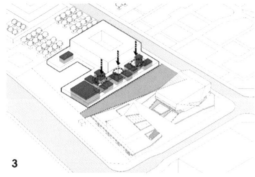

3

挖出庭院，使会议区形成回游式流线，会议室围绕庭院呈组团布置

行政会议中心生成

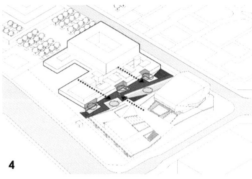

4

碎化城市步道与会议中心的建筑边界，使室内空间与城市步道的室外空间发生关系，空间交织渗透（庭院共享，步道平台与内部主要通道相对）

从行政广场看向行政会议中心

城市步道与会议中心的空间交织渗透

对开放校园的设计思考

首先，项目采取"多层次开放及对应性空间组织"的策略，即校园整体开放，局部建筑／建筑组团根据开放程度和需求，合理确定对应的空间模式。方案创造性地引入城市步道，步道是对城市社区、学校、绿地公园等区域城市空间的回应，激发了校城交融的可能性，是开放校园的集中体现。同时，通过规划设计，重视精细化的外部空间领域所属的划分（大学的、城市的、共用的），形成多层次的校园开放系统。

其次，方案塑造了包括城市步道、文化广场、行政广场、主楼内院在内组成的开放空间体系。这一开放空间体系也体现在地块南北向和东西向的两个剖面中。

第三，整个建筑群与城市形成了一体化的交通网络，外部交通流线直接与地铁相连，从地铁可通往城市步道的下层和音乐厅门厅。

最后，城市步道作为连接校城生活的纽带，方案在步道两侧采取了功能复合化的建筑策划，植入了学生活动中心、咖啡茶歇、会议区展览等多种功能空间。

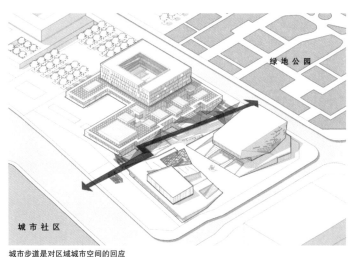
城市步道是对区域城市空间的回应

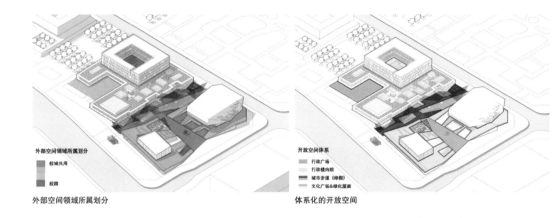

外部空间领域所属划分

外部空间领域所属划分

体系化的开放空间

场地东西向剖透视图

场地南北向剖透视图

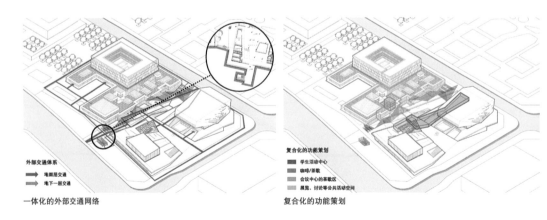

一体化的外部交通网络

复合化的功能策划

建筑模型

结语

　　开放校园，不是简单的拆掉围墙，而是多尺度（规划、建筑群、建筑）、多方面（功能策划、开放空间体系、交通网络）的融校于城。本设计聚焦于被广泛忽视的建筑群尺度，通过建筑的组合，实现精细化的外部空间领域所属的划分，使我国现有校园模式下开放校园成为可能。

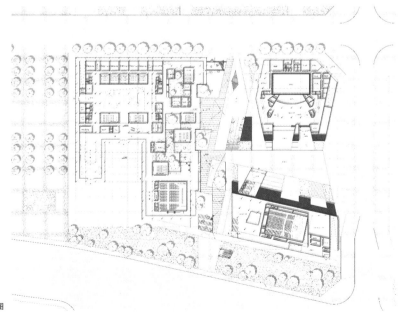

首层平面图

乡建行思
——云寨游客中心建造控制纪实

Rural Construction Control Strategy Based on the Practice of Yunzhai Visitor Center

作者　　　　匡天宇
Author　　　Kuang Tianyu

指导教师　　宋晔皓
Tutors　　　Song Yehao

研究生毕业设计
Graduation Project for Graduate Student

与其他同学的作品略有不同，这是一个依托实际建设项目的毕业设计。在我的导师宋晔皓教授"真刀真枪干设计"的教学传统指挥下，我去到建筑的施工现场驻场了半年时间，于建造实践中反刍对于空间和建筑的体悟。

项目建成照片

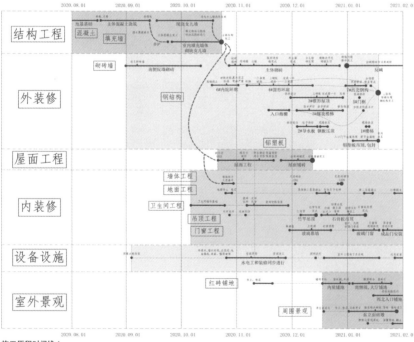

施工历程时间线 1

项目位于河南省新乡市长垣县云寨村，一个坐落在中原大地上的古朴村落。当地政府希望建设一座游客中心来推动旅游业进一步发展。自2020年8月项目破土动工后，我开始陪伴建筑一天天成长。整个建筑从主体到室内软装再到室外景观，全部需要我在现场进行建造控制。我需要将设计的意图和时时不断地变更传达给村民，确保方案中的每一处细节都能做到高品质落地。

施工历程时间线 2

项目建设占地面积约 1800m²，紧挨 308 省道，是乡村之行的第一站。我们希望在这里营造一些非日常的空间体验，游客在这里驻足拍照玩耍，整个旅游体验更加丰富难忘。

总平面图

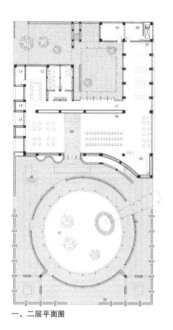

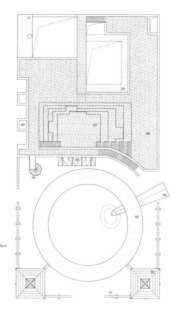

01 brick wall
02 circular yard with grey gravels
03 circular perforated brick wall
04 service hall and the gathering place
05 bar area
06 block-filled wall
07 souvenir trees
08 outdoor air conditioner
09 office room
10 storage room
11 polished concrete floor with red gravels gradient
12 video room
13 logistics room
14 niche with skylight
15 flower bed
Ground Floor Plan

01 steel coping on the brick wall
02 square steel pavilion
03 circular steel pavilion
04 rain-guiding place
05 entrance canopy
06 spiral stairs
07 stepped roof
08 brick laying pavement with random texture
09 courtyard steel pavilion
10 roof window
11 northwest entrance steel pavilion
Roof Floor Plan

一、二层平面图

建筑及场地分为两大部分：南侧的开放圆形庭院和北侧的游客中心建筑。南侧的开放庭院使用高度向心性的圆形，这是一个具有仪式感的空间，在这里可以举办篝火晚会等活动；北侧的游客中心主体使用方形与圆形成对比，容纳了游客中心所需要的功能空间。在屋顶利用室内大空间形成的坡顶，设置了阶梯状屋顶看台，望向远处的向日葵花海。

各主要空间效果 1

各主要空间效果 2

设计上有不少带有实验性质的形式创造，充分利用金属造型的表现能力，设计了不少日常生活不常见的元素。

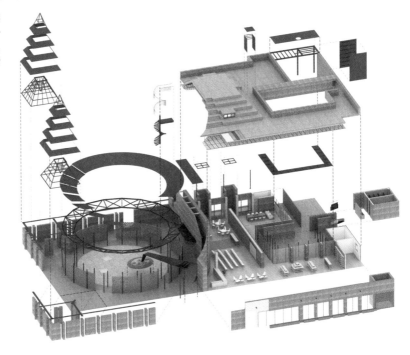

金属造型构件与分解图

主体内部的空间不断执行创造非日常、神圣性的设计理念，形成完整而难忘的步行序列。

整个项目达成了一种用传统建筑材料建造技术与现代建筑语言的大胆碰撞形成的微妙平衡，带来一种奇幻的审美体验。

服务大厅空间

我们的期望便是：当人们从省道上经过时，在两侧掩映的绿树中从中可以隐约地看到一抹红色。逐渐靠近时，可以发现一些奇特的造型，最后被吸引拐入驶进村庄的路，走下车来发现有更多游玩的乐趣。这座建筑也就因此成为了村庄旅游发展的新增长点，匍匐在中原大地乡土之中，规矩之中传递出一丝不寻常的气息。

掩映在树丛中的建筑

早在设计初期，项目方案就将传统材料作为方案表现的重点，而减少复杂困难的现代建造技术使用。红砖是方案设计中的灵魂与主角，我们在立面和铺地上设计了丰富的砌筑样式，充分表现这种传统材料的工艺美学。

Facade Bond Type

Bond type and area	Bond Rule	Facade line	Constuction effect
All the brick solid walls applied Flemish bond. Some part of walls was perforated brick walls.	01		
01 370mm solid brick wall, d=370mm	02		
02 window eave covered with brick tiles, b=240mm (53mmx4)	03		
03 120mm perforated brick wall, d1=70mm d2=100mm			
04 240mm perforated brick wall, d1=70mm d2=100mm	04		
05 Flemish bond brick wall with bulge bricks, d=60mm	05		

Pavement Bond Type

Bond type and area	Bond Rule	Pavement line	Constuction effect
Most part of the pavement applied soldier course. Some specific areas applied other bond types.	01		
01 Soldier course, applied in the most areas	02		
02 Applied in the corner areas	03		
03 Applied in the inner courtyard			
04 Applied in the circular courtyard, spiral stairs and entrance area	04		
05 Applied in the roof, some perforated bricks used randomly	05		
06 Applied in the stair steps	06		

砖砌样式总结

当地经验丰富的工匠出色地实现了我们的设计，更是能主动做出一些图纸上没有的调整，如边缘处主动调整为更紧实的立砌、压顶处使用错缝砌。工匠们的自由发挥带来了视觉上的更多细节，也给我们设计师带来了许多惊喜和思考。

宋晔皓老师有一句名言，"假设盖一个房子是要走一百步，学校里仅仅是十步，还有九十步要走"。这样一次建造实践让我深深地理解这句话，施工现场有无数图纸上始料未及的问题。每当需要设计变更，我会采用一种开放、共同参与的设计模式，与工匠们一起探讨如何修正，来实现更好的效果。

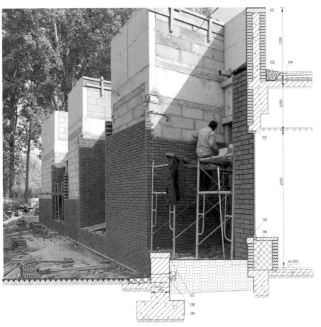

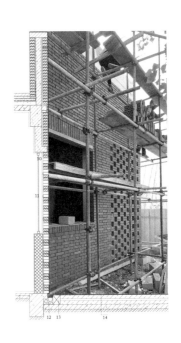

01 立砖压顶	20厚防水砂浆
02 卵石排水沟	2厚聚合物水泥基防水涂料
03 窗上檐挂砖	120厚梅花丁砖墙
04 屋顶构造	砌块填充墙
53厚红砖平铺，干水泥擦缝	07 120高立砖压顶
10厚聚合物水泥砂浆粘贴	08 排水管涂深灰色
30厚C20混凝土保护层	09 20后1:2水泥砂浆内掺防
0.4厚聚乙烯膜隔离层	水粉
40厚B1挤塑聚苯板保温层	10 240厚镂空花砖墙
3+3厚SBS改性沥青防水卷材	11 每8皮钢板拉结加固
20厚砂浆找平层	12 碎石排水沟
最薄25厚轻集料混凝土找坡层	13 埋地灯具
钢筋混凝土屋面	14 红砖路面构造
05 立砖窗台	120高红砖立砌
06 窗下墙构造	100厚C20混凝土基层
覆土，种植花草类植物	200厚天然级配砂石碾实
	素土夯实

砖墙效果与墙身剖面

修正前后的内环环廊

以内院环廊的钢结构为例，原本使用了板＋柱的结构体系，但在焊接后出现了严重的弯曲，现场讨论试验后，决定在靠近檐口处补焊接一道通长角钢，增加整体刚度。修正以后，弯曲得到了极大缓解，还起滴水之用，可谓一举两得。

很多细部设计并不是在图纸阶段就达到相当的深度和丰富度，而是在建造中一点点思考推敲出来的。

以折板雨棚为例，建造中有工人提出上翘的雨棚会将雨水反弹到附近的砖墙上，需要在上部补充钢板保护砖墙；进一步思考，雨棚天沟的焊接薄弱处有渗水危险，需要及时地将天沟内积水排出，在两侧补充小导水口引流排水。

雨棚建成效果

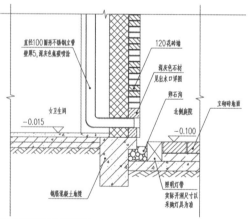
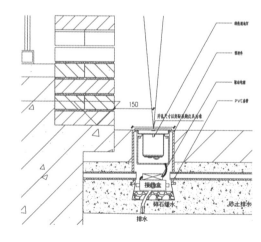

卫生间地梁节点与照明效果 1

施工现场的误差是不可避免的，卫生间处的地梁在完成时比室外地坪高出了6cm。现场看到一条粗糙的混凝土地梁隐约露出地面，影响着整洁的砖墙立面视觉表达。配合张昕老师的照明设计团队，我们在此结合地梁、排水沟、照明设计了一个综合性节点。地梁修整后抹灰；雨水流入卵石沟后排出；灯具明露，与铺地完成面上平，考虑灯具下方的排水防止长时间浸泡破坏灯具。

卫生间地梁节点与照明效果 2

作为当地旅游的一张名片，我们需要考虑游客中心的图像性、传播性，让游客在这拍出好看好玩的照片。施工中有一段时间处于潮湿阴冷的冬季，砖墙反碱严重，颜值大打折扣。直到开春经历了几次雨水的冲刷，碱盐才慢慢褪去，但依旧一小部分残留下来。除了碱盐未来红砖之上还会爬上杂草和苔藓，留下更多岁月的痕迹，但这正是我们设计团队所想要的。我们希望看到建筑历经时间冲刷，对抗风霜，真正融入村庄生活之中。

施工过程中的反碱

这段毕业设计的经历让我见识到"纸上设计"如何一步一步落地，每一步需要一丝不苟精益求精。反过来也帮助我重新思考纸上的设计，对建筑本体和建筑学有了不一样的理解。

在这个一切都越来越快、追求极致效率的时代，建筑师是个"慢"得有些奇妙的职业：房子依然是需要一点一点慢慢盖起来，建筑师也是一个项目一个项目慢慢成长起来。期望能不断成长，未来继续为美丽乡村的建设贡献绵薄的力量。

来此拍婚纱照的村民

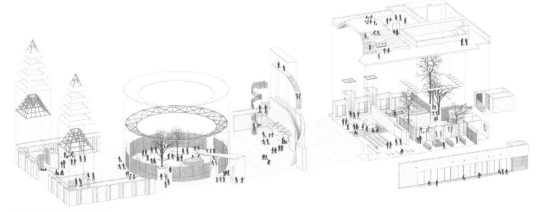

未来建筑融入村民的活动日常

岭南港头古村交互综合体设计
Interactive Complex Design of Gangtou Village in Lingnan

作者　　　　　　　曹煜轩
Author　　　　　　Cao Yuxuan

指导教师　　　　　王辉　朱小地
Tutors　　　　　　Wang Hui　Zhu Xiaodi

研究生毕业设计
Graduation Project for Graduate Student

岭南港头古村交互综合体位于广州市花都区花东镇港头村。港头村曾于2014年被列入第三批中国传统村落名录，是一座拥有600余年历史的传统村落。它坐北向南，七条古巷贯穿其中，村前一方半月塘，是典型的广府"梳式布局"。村中有大量可追溯至明清时期的古建筑，被誉为是一座"露天的岭南建筑博物馆"。

作为文化旅游古村落，村中已有部分古建筑被开发成景点，主要集中在村前池塘沿岸，而七条古巷的神秘和魅力尚未被充分发掘。设计方案从这里出发，选择了村子内部的八个点位进行针灸式激活，横向连通成新的游览线路，使得古巷的游览潜力得到开发，使得古建之间的负空间成为具有探索价值的积极空间。新线路与村前现存的旅游线路形成呼应。

择点介入

以线串点

双线呼应

从村里老人的口中得知，昔日村中拥有名为"港头八景"的八大美景，而经过时代的淘洗，这八景现已不存。本次设计方案借用港头村旧八景的称号，通过交互建筑设计的手段，将所选的八个点位打造成接续过往、面向未来的新时代港头新八景。

新港头八景

新港头八景通过一条横贯古村的巷道相连，以第三景弄潮为核心和支撑，第八景映月作高潮和结束，其余六点缀其中，呈现出各自不同的气质和姿态。

1）觅影

第一景觅影位于村头，承担着将游客引入幽境的任务。原场地是"中华民国"骑楼仅剩的一道拱门立面，北侧原本是一片长满杂草的荒地。依附于拱门，通过镜面搭建成奇妙的镜面迷宫，将独具特色的拱门空间从二维升高为三维。游客在其中嬉戏觅影，人与空间通过镜面形成"不插电"的交互。

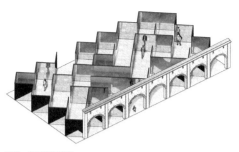

觅影·交互镜面迷宫

2) 踏光

　　第二景踏光紧随其后。利用场地内两栋建筑之间的狭长夹缝，借助低纬度的高角度阳光，通过可旋转的光敏机构来控制日光投射的方向，构成一条交互光影长廊，在高而窄的黑暗通道中投下斑驳日影，游客在其中摸索前进，仿佛踏光而行，进一步将游客引入桃源般的胜景。

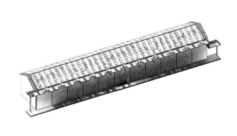

踏光·交互光影长廊

3) 弄潮

　　第三景弄潮是一个体量较大的交互体验馆，在形式上是岭南传统村落山墙印象与流动屋顶的具象化，通过拟态的方式隐于层叠的屋宇之间，通过屋顶和山墙的虚实转化来消解大体量带来的突兀感。

弄潮·交互体验馆

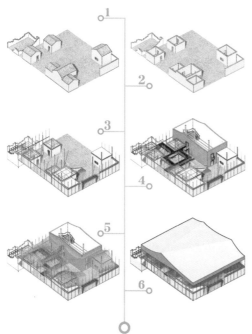

建构分析

影影绰绰，虚实之间

翻手为云，覆手为雨

在建构上，拆除基地内现有老屋坡屋顶，避开基础，划定轴网，立钢柱作为新结构，附上新的玻璃屋面。在东北侧新建一二层体量，架设二层步道，与西侧步道对接。新建双层曲面坡屋顶，附吊挂式玻璃幕墙。吊顶和屋面间布置电机，用钢丝绳将回收的瓦片悬挂上去，连通强弱电，连接红外传感器，形成吊瓦交互系统。

室内通过投影光源和半透明山墙隔板形成变幻莫测的光影效果，隔板的滑轨也控制着室外吊瓦整体形状的几何参数，室内游客推拉隔板时带来光影的变化，同时也让室外的吊瓦呈现出波浪翻涌的壮观景象，弄潮于举手投足之间。

4) 掇星

第四景掇星，与交互体验馆西侧的空中步道相接。港头村物产以龙眼闻名，在古村北部的一个破败院落中，植有四颗龙眼树，每逢果期，龙眼飘香。通过"感官抽离"的方法，用温度传感器与灯光系统连接，挂在龙眼树梢，球形的 LED 如果实般随风摆动，变换色彩，形成人与风和气温的交互。

掇星·交互视嗅觉 LED

5) 砌玉

第五景砌玉是一栋交互复原古屋。港头村许多古屋的砖砌纹理非常漂亮，但其中很多已经倒塌。在倒塌的古屋上，通过钢框架插接玻璃砖复原重建古屋的轮廓，游客可以用摆放在一旁的、回收来的旧砖置换玻璃砖作为纪念品并带走，久而久之，当框架上的玻璃砖全部被真砖替代后，古屋便完成了自发的重建。

砌玉·交互复原古屋

6) 栽雨

第六景栽雨是一组交互肢体音响。岭南的多雨季候成为了一代又一代人的记忆，在昔日破败的祠堂中重新建起钢框架，将连接着音响触发器的"弦"悬挂在栋宇之间，从立面上形成一层层镶耳山墙层峦起伏的形式。游客可以用肢体的各个部位触弦，或拨弄或轻拂或倚靠或穿越，从而引发雨声的音响，感受烟雨迷蒙的岭南雨季。

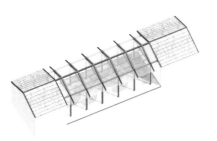 

栽雨·交互肢体音响

7) 归源

第七景归源是一处交互非遗展陈。从村中收集古文物，使用一种特制的偏振承影薄膜将其覆盖，当地居民可以自发前来担任诉说者，为游客提供"对话村史"的场所。游客通过调整视线角度，让视线与薄膜垂直，才能透过历史薄纱看到文物。否则，视线将无法贯穿，此时游客就会看到，投射在薄膜上的循环播放的介绍短片。

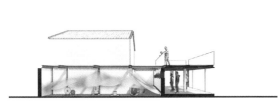

归源·交互非遗展陈

8) 映月

第八景映月是一个交互观景平台，由一座五层高的混凝土框架楼改造而来，拥有全村最高的观景视角。提取山墙形式，通过镜面构建一个平立面景观转换装置，使得地面上的游客也能通过反射饱览村中镶耳山墙连绵起伏的景象，构成一种"你站在楼上看风景，看风景的人在楼下看你"的奇妙场景。

平立面景观转换

在建构上通过后现代式的介入，以钢结构加固，玻璃幕墙围合，使建筑保留乡土本真的拙态。底部打开原有院落的封闭格局，形成开放流动的商业空间，上层逐步过渡到观景平台。

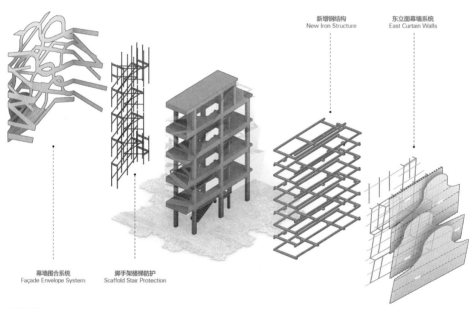

新增钢结构
New Iron Structure

东立面幕墙系统
East Curtain Walls

幕墙围合系统
Façade Envelope System

脚手架楼梯防护
Scaffold Stair Protection

建构分析

在立面上，通过交互感应系统，电控玻璃随游客活动的位置呈现出透明的效果。从地面上看，好像人们在屋顶行走。夜间，戏剧表演者在楼内现场表演，配合立面投影，成为一个竖向舞台，激活古村夜生活。是所谓"行于碧瓦飞甍之上，舞于光怪陆离之间"。

立面交互感应系统

行于碧瓦飞甍之上

舞于光怪陆离之间

结语

　　古村文旅开发与交互建筑设计的结合是本次设计所要探讨的重点。如何利用有限的资源、在地的技术，充分利用当地人文、社会、自然和经济条件，打造出符合新一代年轻人想象和期待的新时代岭南文旅古村，是本次设计的核心课题。资金、人才、技术、理念的流入让中国农村，尤其是拥有丰富文化旅游资源的传统古村落获得了焕然一新的面貌，岭南港头古村交互综合体设计不仅仅是笔者的一次基于研究内容的试验和尝试，笔者也希望它能够成为一点微弱的星火，让越来越多的建筑师和建筑道路上的学习者意识到，拥有广阔乡村土地的中国必将成为后城市化时代建筑学发展的前沿沃土。

798+751= 天真凝视
——基于艺术生产消费关系的建筑装置设计

798+751=Naive Gaze: Architectural Installation Design Based on Relationship Between Art Production and Consumption

作者 Author	王希典 Wang Xidian
指导教师 Tutors	韩孟臻 Han Mengzhen

本科五年级毕业设计
Graduation Project for 5th Year Undergraduate Student

画纸
Painting paper

折叠画架
Folding easel

艺术生产
Art production

艺术消费
Art Consumption

项目背景

798 艺术区是北京最知名的艺术中心，与之毗邻的是 751D·Park 北京时尚设计广场。然而，近年来，798 面临过度商业化、脱离艺术本源与大众文化消费的指责；而 751 则亦没有达到应有的设计产业与展示消费互利的效果。

城市设计：艺术生产与消费的平衡

751 与 798 的现状，正对应了艺术区生命历程中从起始到盛极而衰的两种不同形态。这种形态的分异本质上来源于艺术区的艺术设计产业的生产与消费关系失衡。本设计尝试在 798 与 751 的整体街区范围内进行业态针灸式改造，在保留两者特色的同时，构造一个可持续的生产消费平衡的创意生态区。

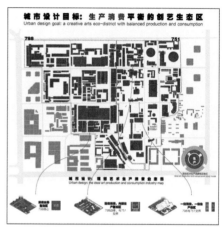

城市设计层面，主要从空间开放层级塑造保持街区内核设计艺术生产业态，通过商业活力点赋予促进创艺消费良性发展，促使 798 与 751 园区共同形成生产与消费共生的典型街区。

在具体的街区层级，为创艺生态区设计了理想的生产—消费模式图。核心思路是用消费去面向多级渗透的街道，把生产包围在内侧，在每一个街块形成消费在外生产在内的圈层结构。据此，我们将 798 和 751 联合起来创造了一个生产消费平衡的创意生态区。

图 1　城市设计 – 理想艺术生产消费业态图

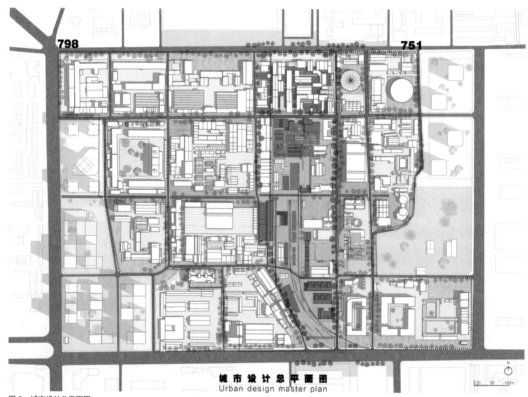

图 2　城市设计总平面图

设计策略：天真凝视

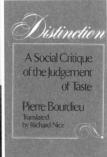

"天真凝视"是社会学家布迪厄在《区隔：品味判断的社会批判》提出的审美阶层理论中的概念，它和"纯粹凝视"相对（Bourdieu, 1987）[1]。"纯粹凝视"指的是观者用一种纯粹形式的眼光去审视事物。它带来的是艺术的区隔感和该场域的自律性，同时也带来了798和751目前各自的问题。而"天真凝视"这种更加大众化、局身化、强调感官愉悦的艺术体验，则可用于去扩大艺术区对于群众的影响力。

图3　布迪厄与《区隔：品味判断的社会批判》

在具体的建筑策略中，为回应两个园区各自的问题，并为还原艺术区应有的影响力，本设计提出引回和增强"天真凝视"，即大众审美趣味的策略。以798和751中绘画、音乐、服装设计和文学艺术四类艺术类型为基础，分别选取了园区中现有的体现该四类艺术的"纯粹凝视"建筑旁的空地作为基地。在艺术区的特定语境下，设计四个艺术生产者和消费者可以与之互动的"天真凝视"建筑装置。这四个装置分别承载所对应艺术形式的大众参与行为。装置的临时性消除了艺术欣赏将群众拒之门外的门槛与边界。使用者可以通过艺术的创作和观赏改变承载这两种行为的空间，形成了艺术生产与消费更为融合的场域，提高了艺术的普及性与艺术区的城市贡献。

绘画艺术 vs. 街头画家

798中绘画艺术最常见的展示及消费空间形式被称为"白盒子"，属于典型的"纯粹凝视"。然而，支付不起租金的普通画家在798的更新迭代中逐渐迁出。

这个装置设计是一次对艺术展览中纯粹的白盒子空间与北向天光的反叛。希望通过挪用798中典型的天窗形式，作为街头画家的可移动摊位，形成一次对纯粹凝视的消解。街头画画作为一种天真凝视的形式，时而会出现在798不起眼的角落里。而明显的临时性装置，则将这种行为搬上了舞台。在这里，艺术创作与围观者的界限是不分明的。不只有包豪斯天窗下的空间才是艺术的空间。

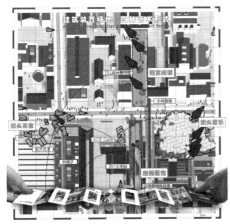

图4　建筑装置 – 四种艺术形式

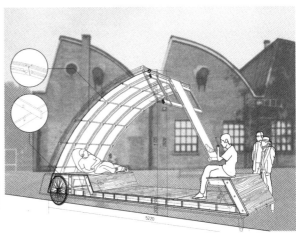

图5　街头画家装置剖透

---

① Bourdieu, P. Distinction: A social critique of the judgement of taste[J]. Harvard university press.1987

图 6　街头画家装置

音乐艺术 vs. 街头音乐

　　751 园区中小柯音乐剧剧场空间采用的是传统的单侧舞台框景布局，将演员与观众区分明确。而在街头音乐的场合，音乐家与观众往往存在互动，场域的界限、视线的方向也较为模糊和交融。

　　该街头音乐装置中，艺术家可以通过表演而改变身边的地形，形成街头音乐空间。装置由五边形单元密铺而成，占领整个广场。每一单元由可纵向活动的地面、连杆、五边形气球连接形成。纵向活动由声音与压力感应同时控制，当有音乐人对声音采集器发出声音时，由电机控制地面升降机使周边的地面依次升高，形成一个下凹的涟漪式场域。当音乐开始产生的时候，原本简单的空间形态会随之变化，形成丰富的空间体验和光影效果，通过树下空间帮助音乐回归其用以交流的本意。

图 7　街头音乐装置

图 8　街头音乐装置模型

图 9　街头音乐装置剖透

服装设计 vs. 地摊服饰

751 有知名服装设计师将火车车厢改造为工作室。高端定制的服装设计工作室是纯粹生产且有一定消费门槛的，而大众也有自己对于服装的审美方式以及相应的生产形式和消费场所。

该装置利用两列火车中间的空地，将两侧营造为各属于纯粹凝视和天真凝视的场所。一侧是原有的高定服装工作室，而另一侧火车内是地摊服饰店铺。 两列火车正中的位置放置一连续的反射界面，使两侧的人分别能够看到属于自己的一个完整的世界。同时，界面的部分反射部分逐渐变化为透明，使得两侧不同审美阶层的人在一些视角不分彼此，形成一种天真与纯粹凝视区隔又融合的暧昧状态。在此，建筑被用以模糊阶级区隔。

图 10　地摊服饰装置

图 11　地摊服饰装置模型

图 12　地摊服饰装置剖透

文学艺术 vs. 随意阅读

751 新建设计图书馆选择了传统图书馆的安静气质。文学艺术的区隔感塑造了它的地位，然而同时也在将大众的凝视拒之门外。在 751 图书馆的旁边，是原有工业洗灰池用地，这里即将是一片人们可以自由改变和使用的地方。

装置与 751 设计图书馆同长同宽。有地面和地下两个空间。地面由可纵向活动的单元构成，单元上表面覆草，侧面为透光材质，内置灯管。单元可以根据人的行为和需求进行一定范围内的活动，形成不同的起伏地形。

图 13　随意阅读装置

地面以下是多功能空间，可以承载图书市集等功能，并能够感受到到顶面的形态变化，从而形成不同的功能和光影效果。侧壁亦有可活动的单元覆盖。

阅读行为不一定需要严肃的空间来限定，而可以让行为去产生空间。

结语

本设计一方面通过探索建筑学与艺术的结合，实现798艺术区"天真凝视"的回归，从而形成艺术生产与消费共生的创艺生态，回应了798与751园区各自的问题。另一方面，也是一次对建筑学边界的探索。探讨了容纳人的行为作为建筑空间的本源，以及建筑形式的意义及其对社会文化的批判性。

图14 随意阅读装置模型

图15 随意阅读装置剖透

小菜市: 老年社区 ∩ 菜市场

Elderly Community Intersected with Market

作者
Author

崔朝阳
Cui Zhaoyang

指导教师
Tutors

程晓喜
Cheng Xiaoxi

本科五年级毕业设计
Graduation Project for 5th Year Undergraduate Student

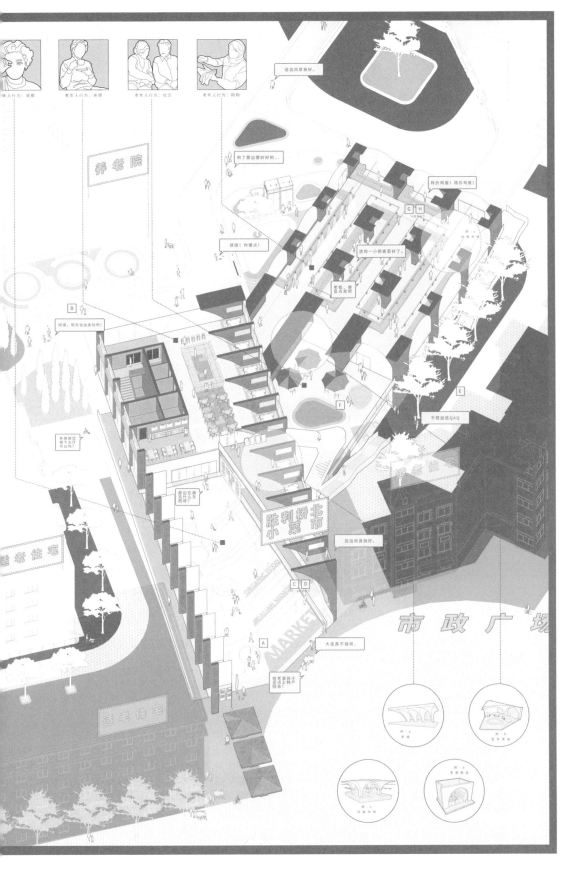

菜市场、老年人

　　近年来，我国老龄化速度加快。中国发展基金会发布的《中国发展报告 2020：中国人口老龄化的发展趋势和政策》中预测，到 2022 年，全国 65 岁以上的老年人将会占总人口的 14%，我国进入全面老龄化社会。中共中央《关于制定国民经济和社会发展第十四个五年规划和 2035 年远景目标建议》提出，"实施积极应对人口老龄化国家战略"。社区的适老化将会深刻影响到老年人的生活质量。"对公共场所进行适老化改造""支持居家养老""发展银发经济"成为多个省区市未来五年发展的着力点。根据马斯洛需求理论，幸福安康的老年生活不仅在于安全、方便的物理环境，在物质日益丰富的今天，人们越来越重视上层的社交需求、尊重需求与自我实现，因此，除却物理空间的适老化，也应关注老年人的心理需求。

　　老年人与菜市场有着密切的联系。对于绝大多数老年人来说，由于长期的生活记忆与现实的比较选择，菜市场仍然是购物的不二选择，而菜市场也常常是老年人的聚集、社交场所。因此，菜市场中的活动具有了复合的特性，容纳了老年人的购物、社交乃至休闲娱乐活动。这样的现象使得老年社区中的菜市场有了极强的潜力，发展成为社区乃至城市地块的活力辐射原点。

面向市政广场的小菜市

场地与城市设计

区位要素·现状分析

　　设计地段位于辽宁省大连市老城核心地块的西岗区胜利桥北历史保护街区，地段整体呈 L 形，毗邻旧市政广场、俄罗斯风情街、北海公园，内部有多栋历史保护建筑。在大连市总体规划中，地块属于现代风貌区与历史保护街区。地段周边配套设施完善、医疗资源丰富，且有丰富的历史文化信息可供挖掘。如今，地块内主要以 20 世纪七八十年代修建的多层住宅楼为主，并拥有一所医疗式养老院、一个便民菜市场以及小型的社区配套商业。在未来的设计中，希望将此地块打造成现代化的适老社区，同时兼顾"俄罗斯风情街"满足外来游客的需求与活动。

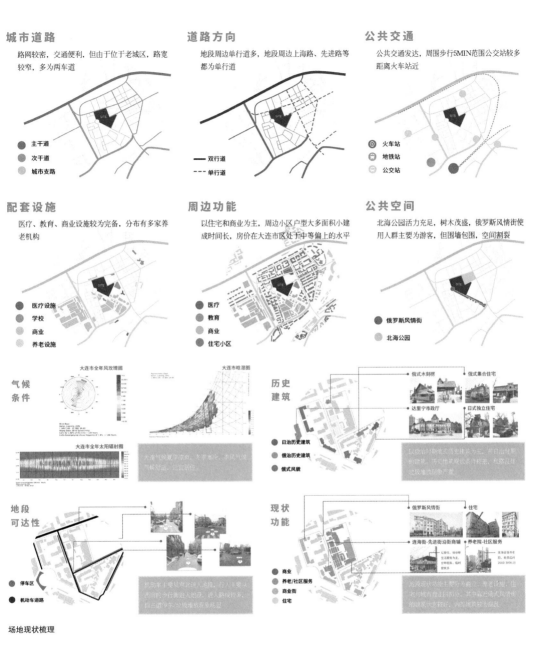

城市道路

路网较密，交通便利，但由于位于老城区，路宽较窄，多为两车道

- ● 主干道
- ● 次干道
- ○ 城市支路

道路方向

地段周边单行道多，地段周边上海路、先进路等都为单行道

- —— 双行道
- --- 单行道

公共交通

公共交通发达，周围步行5MIN范围公交站较多距离火车站近

- ◎ 火车站
- ⊞ 地铁站
- ⊡ 公交站

配套设施

医疗、教育、商业设施较为完备，分布有多家养老机构

- ● 医疗设施
- ● 学校
- ● 商业
- ● 养老设施

周边功能

以住宅和商业为主，周边小区户型大多面积小建成时间长，房价在大连市区中等偏上的水平

- ● 医疗
- ● 教育
- ● 商业
- ● 住宅小区

公共空间

北海公园活力充足，树木茂盛，俄罗斯风情街使用人群主要为游客，但围墙包裹，空间割裂

- ● 俄罗斯风情街
- ○ 北海公园

气候条件

大连市全年风玫瑰图

大连市焓湿图

大连市全年太阳辐射图

大连气候夏季闷热，冬季寒冷，春秋气候凉爽舒适，比较宜住。

历史建筑

- ● 日治历史建筑
- ● 俄治历史建筑
- ● 俄式风貌

俄式木刻楞　俄式集合住宅
达里宁市政厅　日式独立住宅

以俄治时期俄式历史建筑为主，日治治理期的建筑，历史建筑现况条件较差，无照现建筑及维修随意严重。

地段可达性

- ● 停车区
- ● 机动车道路

机动车主要沿东北进入地段，行人主要由西南的步行街进入地段，步入数量较多，但各段停车/功能建设采集明显。

现状功能

- ● 商业
- ● 养老/社区服务
- ● 商业街
- ● 住宅

俄罗斯风情街　住宅
连海街-先进街沿街商铺　养老院-社区服务

地段现状功能主要以商业、养老设施、住宅与城市商业街为主，其中最地城式居西俯商业建设比重较大，内部建筑较杂较乱。

场地现状梳理

问题与对策、空间与组团

　　城市设计整体规划提出，通过二层平台的置入解决高差、交通与日照等问题，加强各功能组团之间的联系，提供老年人活动的场所与交通的便捷路径，使之不受到外界的干扰。最终地块被规划为三个片区，六个功能组团。三个居住组团——适老住宅、青老公寓、养老设施，针对不同需求、不同健康与家庭状况的老年人提出解决方案；三个公共空间组团——文体娱乐组团、菜市场与社区服务组团，则对于社区的公共生活需求进行区分与规划。

Step one:

场地现状：杂乱的建筑布局，历史建筑未受到保护

Step two:

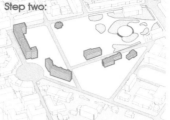

拆：只保留历史建筑和条件良好的住宅

Step three:

道路梳理：连接城市道路，设置临时车道，消除端头路

Step four:

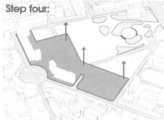

地面抬升：利用场地高差实现人车分流，解决日照问题

Step five:

建筑组团：建筑围合第二地面，形成适宜的公共空间

城市设计策略

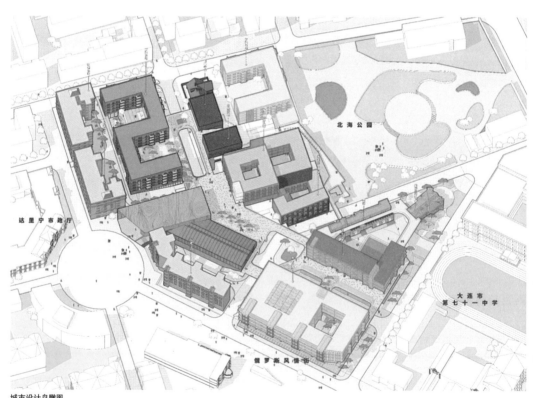

城市设计鸟瞰图

菜市场设计

建筑策划定位

规划菜市场位于地块西侧转角处，面向旧市政厅与市政广场，是社区面向城市的开口。在交通上，菜市场作为最重要的城市进入社区的门户出现；在功能上，菜市场向外辐射，在满足社区居民需求的基础上服务周边城市人群与外来游客；同时，在文化形象上，希望将菜市场打造为社区乃至更大片区的符号与象征，承担城市的更多文化生活职能。

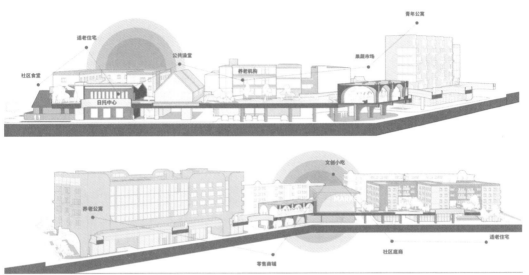

菜市场在社区中的核心位置

形式与功能

菜市场整体分为两个区，以两个相互穿插的建筑体块呈现。Ⅰ区连接市政广场与二层平台，更多地面向城市生活与外来游客，Ⅱ区则位于社区内部，服务居民的购物需求。除了传统意义上的菜市场"卖菜"的功能外，主要引入了大连特色的文创小吃区域与顶层的咖啡厅餐吧。这些功能原先存在于俄罗斯风情街，部分小店铺、小摊位可以转移进菜市场的一层区域，从而将旅游步行街延长至中央广场与菜市场，增添游客的趣味性，促进社区与城市的融合。

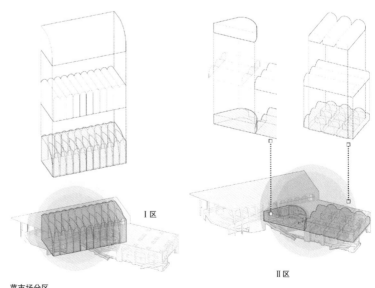

Ⅰ区

Ⅱ区

菜市场分区

由于项目基址位于俄罗斯风情街一侧，而该地块存有很多仿欧式建筑，为了延续文脉、维持立面的一致性，设计选取了拱的原型，与不同的使用模式结合大量变体。如Ⅱ区平台层的连续拱顶果蔬市场，形成了丰富的韵律；引入天光，在不同时间会带来不同的室内表现，也对于室内空间起到一定的指示作用。两条主要通道与三条售卖区，空间规划简洁而有辨识度，有利于老年人辨识空间方位。

Ⅰ区的灰空间也采用了连续柱廊进行剪切与变化，在地面投影光影韵律，拱的尺度与周围建筑的立面相互呼应，在传统中增添了一份新的元素。在Ⅰ区一层、二层，以及两个区域连接处，设置了室外平台与茶座，并进行绿化处理，老年人可以在此停留、休憩、社交。

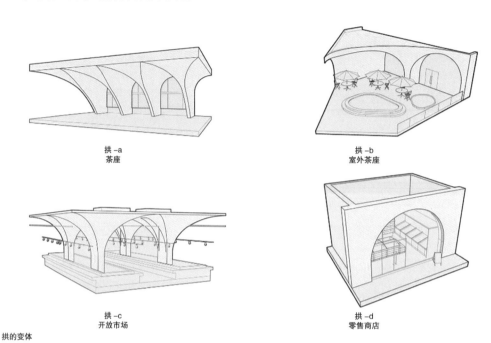

拱 –a
茶座

拱 –b
室外茶座

拱 –c
开放市场

拱 –d
零售商店

拱的变体

二层茶座区

将菜市场置于复杂的城市结构中，需要综合考虑功能的排布。综合利用场地现有高差、分层结构、毗邻功能等，同时满足居民与游客需求，在保障功能性的同时延伸其在城市中的作用。

　　例如，生鲜集市区需要考虑两点：①生鲜市场气味较重、污染较大，对水、存储有一定的要求，需要在空间上与其他区域隔离；②对于游客而言，生鲜是本地特产，需要较强的可达性与室内特色化设计，可以提高生鲜市场的附加值。

地面层入口

生鲜集市区

再例如，Ⅰ区的平台层是城市人群可达性最高的区域，设置大连特色文创小吃的摊位，可以充分发挥其丰富的视觉、嗅觉、味觉吸引力，对于菜市场的形象有正面作用，也会对游客产生强吸引力。对于居住在此的老年人，除生活服务外，此区也是一个有趣的观察场所，不同人群在此处相汇交融。二层视野较好，室外平台可以俯瞰广场活动，设置餐吧、咖啡，老年人和游客可以在此休憩并尽享广场的热闹景象。

Ⅱ区一层覆盖在平台之下，紧邻俄罗斯风情街上的社区入口，有较好的视觉可达性与交通可达性，设置独立店铺，进行生活用品的售卖或生活服务的提供。

空中广场

中央广场区

星光隧道

机动车道与零售商铺

平台层与平台最重要的公共活动空间广场相邻，是整个社区的核心位置，主体空间设置蔬果粮油的售卖，使此区域成为社区最重要的人群集散地。老年人可以通过二层平台方便地到达此处，购置粮食；带来的丰富人流可以在广场停留、休息、社交，室内外的活动形成联动。

果蔬市集

果蔬粮油区

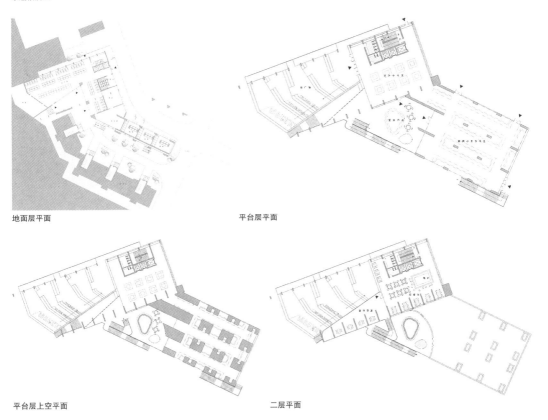

地面层平面　　　　　　　　　　　　　　平台层平面

平台层上空平面　　　　　　　　　　　　二层平面

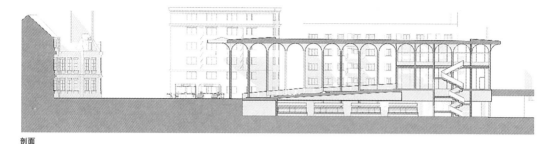

剖面

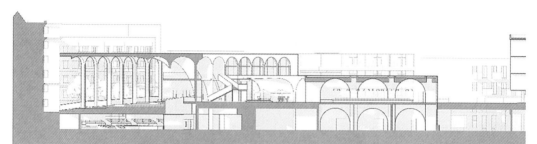

剖面

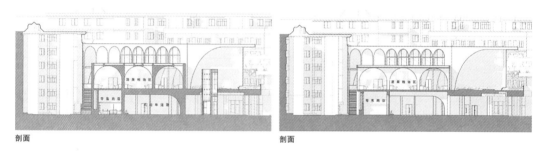

剖面   剖面

场地活动组织

菜市场的设计，始终围绕可能发生的老年人活动、社区与城市活动进行。对于老年人来说，菜市场可能是其消磨时间最多的公共场所之一，并且有一定时间上、空间上的规律特征，可以加以利用进行空间的策划组织。

Ⅰ区的大型灰空间，可以进行大规模的社区活动或城市活动。如配合灯光、投影可以用作合唱、音乐节场地，结合高差、台地可以布置文化节、展览等。灰空间的形状类似舞台，可以与前广场一同使用。

此外，在各层均设置一定数量的休息座位与区域，老年人不仅可以进行购物活动，也可以在此处与朋友、亲人会面，组织小规模社交活动等。设置的大量活动空间，旨在增强菜市场功能的复合性，让菜市场成为适老社区活动的核心之一。

老年人行为：观察　　　　老年人行为：休憩　　　　老年人行为：社交　　　　老年人行为：购物

老年人行为

由于地面存在高差，在串联不同层的空间时需要注意无障碍设施的设置以及联动。菜市场最重要的入口大台阶旁配有无障碍坡道，中间休息平台与台阶平台相连，坡道可以直通菜市场入口，也可以向前进入空中广场。菜市场内部设两架垂直电梯，并留有充分的前导空间，老年人在不同层高的平台间可以通过电梯方便地到达。在菜市场旁空中广场上，也设有交通岛与两部电梯，从地面层接近菜市场的老年人可以乘坐这组电梯方便地进入平台层。

除中央广场的两部电梯，在二层平台的端头处、重要公建的内部或外部一侧均设有公众可用的垂直电梯，从四面八方进入地块或居住在各个建筑组团的老年人都可以方便地选择路径进入菜市场区域。对于游客，绝大多数人群从俄罗斯风情街—菜市场Ⅰ区—其他区域的路径进入地块，活动能力较强的人群可以自由地通过阶梯、电梯、坡道等多种形式进行活动。对于居住在此区域的老年居民，更多地通过二层平台接近此区域，因此使用频率最高的果蔬粮油区域设置在了平台层，使老年人不需要经历高差就可以满足基本需求。

结语

通过形式探究、功能设置、活动分析，设计回应地段文脉、面对使用需求、立足城市发展，对老年社区与菜市场的结合进行了设计探索。作为功能性强的公共建筑，菜市场作为本土建筑类型还有很大的研究、设计潜力；在电商愈发发达的当下，菜市场将会如何发展、如何转型，能否解决遗留的管理混乱、风貌脏乱的问题，都是未来设计的关注点。

老年活动分析

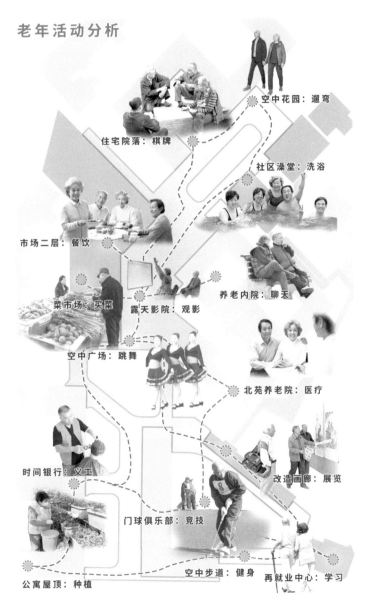

空中花园：遛弯

住宅院落：棋牌

社区澡堂：洗浴

市场二层：餐饮

养老内院：聊天

菜市场：买菜

露天影院：观影

空中广场：跳舞

北苑养老院：医疗

时间银行：义工

改造画廊：展览

门球俱乐部：竞技

公寓屋顶：种植

空中步道：健身

再就业中心：学习

老年人活动分布

清华大学乡村振兴工作站济宁泗水站
Jining Sishui Station, Centre of Rural Revitalization, Tsinghua University

作者 Author	陈建安 Chen Jian'an
指导教师 Tutors	张弘　杨琛 Zhang Hong　Yang Chen

本科五年级毕业设计
Graduation Project for 5th Year Undergraduate Student

项目背景

民族要复兴，乡村必振兴。清华大学建筑学院积极响应党中央号召，组织一批批优秀学子投身"美丽乡村"建设，为"乡村振兴工作站"提供全链条服务，探索乡村振兴的实践新模式。济宁市泗水县地处山东省西南部山区内，长期以来当地工业不发达，以农业作为主要经济支柱。自2020年初起，经过多次调研考察和政府协商，我们决定在该地建立乡村振兴工作站，并选址于龙湾湖畔的圣水峪镇东仲都村。

近年来，在环境保护、乡村振兴的大环境下，泗水县凭借自身低污染、少破坏的自然环境，以及秀美的山景、湖景，大力投入基础设施建设，发展旅游业。在政府支持下，当地已有合伙人参与投资开发，以研学旅游为重点，打造陶艺坊、木工坊、画坊、民族服饰等各类艺术性体验场所，以及茶舍、咖啡厅、美食街、民宿等各类休闲基地。但在实地调研中，仍暴露出一些问题：其一，合伙人投资部分自成体系，与村民区割裂，不利于带动村民投入到旅游业中共同致富。其二，目前旅游相关产业集中在艺术研学方面，对于区域内其他产业的带动作用不大。

泗水县东仲都村

区位分析

乡村振兴策划

据此，工作站项目提出了以下几点期望：首先，联系起合伙人开发区域与村民区，消除游客游览区与村民的割裂状态，将村民与游客有机融合，为游客更好地展现乡村文化，提升当地乡村旅游体验；其次，通过吸引游客进入村民区域，提供餐饮、购物、住宿等需求，拉动村民为主体的服务业发展；此外，通过乡村振兴工作站和乡村农产品展览馆（工作站三期项目）提供智力资源和展示平台，推动当地农业、手工业发展；最后，在保证工作站实践需求的基础上，为村落提供公共活动空间，提升当地政府、游客和村民的使用体验。

本项目以清华大学乡村振兴工作站为载体，在满足清华大学及其他高校、社会团体的乡村调研、实践、服务的基础上，通过空间的共享性、多样性设计，力求为本地村民提供优质的公共空间，满足其日常活动、娱乐需求；为来到本村的游客提供了解、体验乡村文化、乡村生活的窗口；为当地政府提供办公空间和公共活动场地。工作站分三期建设：一期为乡村振兴工作站部分，希望解决高校实践支队的办公、住宿，并利用空置期提供村民和游客的活动、交流空间。二期为村委会的迁移重建，主要解决村委会和村民服务需求。在二期项目建成前，村委会将临时使用场地东南侧的乡村赋能中心（现已闲置）作为办公场所。三期为乡村赋能中心的改扩建工程，目前功能定位为农产品展示中心，助力当地产业提供展示、销售平台，完成工作站的双向引导。

空间布局形式

工作站选址于东仲都村入口西侧，场地开阔，交通便利，可达性高。场地上原为拟拆除重建的村委会和两栋废弃民房。场地西侧为村民日常通行道路，东侧为入村主干路，与村口广场隔路相望，是游客主要集散、通行区域。项目规划建设用地面积约2920m²，除乡村振兴工作站外，还包括村民广场、村委会和农产品展示中心等功能；其中一期工作站建设用地面积为1312.60m²。工作站一期项目含两栋单体建筑，通过室外连续屋面下的灰空间相连，包含了乡村舞台、多功能厅、会客讨论、共享办公、共享休闲、实践人员住宿等功能。办公区设置局部二层；住宿区设置夹层以充分利用空间。

功能分析　　　　交通分析　　　　现状流线　　　优化后游客流线　　　优化后村民流线

村落规划分析与发展优化方案

场地现状　　　　　　　场地平整&交通优化　　　　　结合高差的功能布置

住宿
院落
公共活动　　办公休闲
广场

现有建筑应对　　　　　　　空间围合　　　　　　结合公共空间的功能布置

保留建筑
拆除建筑
院落
广场

公共活动
住宿
院落　办公休闲
广场

肌理应对　　　　　　　连续屋面　　　　　　　方案生成

工作站方案生成过程

建筑布局、空间逻辑及形式灵感来源于当地民居，在提取当地建筑元素后，简化、几何化并加以创新，形成连续坡顶下围合院落的建筑构思。在建筑基底选取上，本项目尽可能贴合了场地内原有的村委会建筑和民宅位置，保持村落内建筑的对位关系。充分尊重当地典型的北方三合院肌理，以及当地主屋和宅基地的划分，在场地内围合了一动一静两组院落，并分别设置了乡村舞台和休闲庭院。材料上选用当地石材作为墙面或贴面饰面。采用村民适应的院落空间，并加强空间的流动性，为到访人群提供了优质的休息、休闲、交流和公共活动场所。

当地建筑元素分析

　　设计在南北两侧分别围合出一动一静的广场和院落，南侧广场向东敞开，结合村民舞台，吸引村口游客深入；与多功能厅通过通透的、可完全打开的玻璃折叠门形成联动；最南端转角处设置小沙坑供儿童玩耍。北侧院落连接村民道路，通过体量围合形成稳定的休憩空间；提供平台与座椅供游客和村民休息休闲；与多功能厅、休闲、办公和展览区域直接相连，丰富参观使用体验。设计中充分重视室内外联通，在建筑与内院、广场相连的重要区域设置玻璃幕墙、玻璃折叠门等，保证室内与室外视线相通；功能上通过共享空间与室外部分达成功能对接，在使用上创造连续的功能整体。同时，贯穿室内外的平台设置削弱了空间分隔，形成进入工作站的动向提示与视线引导。

　　为提高空间利用率，减少闲置，设计将工作站配套功能压缩在北侧加建房屋内，将更多的空间设置为共享空间提供给村委会和村民。设计时围绕广场和院落设置了共享办公、休闲、大型活动等共享空间，利于塑造乡村氛围，同时能够满足村民和村委会大部分使用需求。同时，村民活动也成为了乡村文化的最好呈现，不论是经过组织的大型活动，还是日常休闲。游客受到场地活跃度吸引进入工作站区域，便可近距离感受村民农余生活，或参与到休闲活动中。再借由其他景观节点的引导，逐渐进入村民区域。鉴于乡村活动需求的多样性，设计充分考虑了适应性和可变性：舞台和多功能厅既可单独使用，承接广场舞、小型演出、支教培训、观影、会议等活动，也可联合使用，承办村宴、大型演出活动；休闲和办公区涵盖了阅读学习、休闲娱乐、办公会议、展览、接待等功能；工作站住宿区可容纳 16 名学生，1~2 名教师的短期住宿，也可作为小型民宿接待外来游客。

休闲区室

办公区室

乡村舞台

广场与休闲内院

公共空间

游客使用

工作站共享空间模式

村委会使用

村民使用

工作站使用

建构方法

　　为塑造轻盈的室外屋面效果，结构采用钢木结构，尽可能选取小截面型钢。在支承屋面处，避免柱直接屋面梁与连接，而是采用树杈状结构，斜向将屋面托起。同时，为配合乡村材质肌理，室外部分单独选用十字钢截面作为结构柱并在四角包以木材；选用 T 形钢作为屋面梁并在底面附加方木，以弱化钢结构的冰冷感。室内部分主要从尺度较小、易于交接、造价较低等方面考虑，选用冷弯方形空心钢管作为结构柱，夹木工字钢作为屋面梁，截面利用效率高，且与墙体交接方便。由于采用四向的树杈状结构，且分别与十字钢柱和 T 梁交接，本项目专门为该部分设计了结构节点。树杈部分使用不等边双角钢包木，便于从两侧与十字钢柱和 T 梁连接。在十字钢多节点相接处，角钢斜向切掉翼缘避免碰撞。此外值得一提的是，为方便施工，保证焊接质量，项目中全部选用型钢，十字钢柱亦采用四根等边角钢背对背焊接而成。

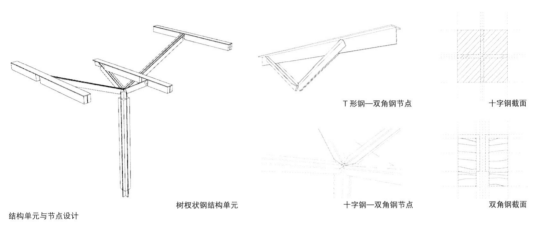

T 形钢—双角钢节点　　　　　　　　十字钢截面

树杈状钢结构单元　　　　　十字钢—双角钢节点　　　　　双角钢截面

结构单元与节点设计

结语

　　目前，清华大学乡村振兴工作站济宁泗水站即将竣工，项目得到了泗水县政府等单位的高度评价，作为清华大学在乡村振兴实践的一线根据地，它将见证一批批清华学子为推动当地产业发展做出的贡献。

众香界
DHUPA

作者   周翔峰
Author   Zhou Xiangfeng

指导教师 周榕
Tutor   Zhou Rong

本科四年级毕业设计
Graduation Project for 4th Year Undergraduate Student

项目背景

　　众香界，场地位于北京市门头沟区潭柘寺镇，是京投发展檀谷项目下属的 C7 地段。位于京西的檀谷离北京主城区有一定距离，周边的地理条件基本可以概括为"四面环山，一谷横穿"——宏观上，檀谷所在的门头沟区本身属于重要的"生态涵养区"，自然资源丰富而脆弱；具体到场地，檀谷被定都峰等连绵的山脉围抱，是名副其实的山谷。若需要前往檀谷，需要沿着京昆线向西，穿过潭柘寺隧道才能抵达。不过，檀谷项目距离享有盛名的"京师祖庭"潭柘寺只有 5km。

　　中观区位层面，总面积约 12000m² 的 C7 场地位于檀谷片区南侧入口处，是进入檀谷片区和前往潭柘寺的必经之处；从主城区前往潭柘寺的游客一般会选择两条交通线路：最主要的途径是沿 C7 场地南侧的京昆线驱车直抵潭柘寺山门，此外也可以走场地北侧的锦屏路迂回穿过现檀谷区域。无论经由哪一条线路，都会经过 C7 地段，因此可以说，设计场地正好是扼住"进香要道"的锁钥，相当于檀谷的门户。

　　还未兴建任何设施的场地非常荒凉，只有--些树木和遍地荒草。对于这样一块面积不大、尺度介于建筑与城市之间的地段，不能诸如"骑行"一类流线短捷迅速的功能来填充，否则游玩其中的人一眨眼就能走完整片场地，会马上失去对场地的兴趣。另外，檀谷所在的潭柘寺镇至今仍分布有十数个自然村，在历经了一波回迁、搬迁安置以后，这些村庄依旧居住着不少村民。因此，项目实际面对的人群除了檀谷开发商、檀谷业主和潭柘寺游客以外，实际上还有本地村民老百姓。大致分析了场地信息以后，回到项目设计的初衷，需要思考怎样通过 C7 地段的策划与设计为檀谷赋能，增加人气，带动收入，使之成为檀谷的活力引擎？在这个基础条件以外，面对多样的人群受众，我们又不禁思考项目的定位——到底是成为独立于周边环境，自成一统的方案？还是变成一个和更大范围的潭柘寺镇域有所联动的设计？

檀谷区位分析图　　　　　　　　　　　　　　　　　　　　中观场地区位分析图

项目策划

　　对此，作者给出的应答是以"香"为关键词，建立起属于檀谷、潭柘寺、潭柘寺镇的系统化 IP，打造一段让六根一起出游的旅程。除了最直观的嗅觉感受，"香"的含义其实是更广泛的，有很强的通感能力——对应到与潭柘寺禅林文化有关的"色声香味触法"，都各自有所指涉。佛家的十供养中有"香供养"，以香礼佛是不可或缺的礼仪。在深层次的宗教文化背景以外，"香"和潭柘寺实际的文旅观光也有所关联。除了年关大节到潭柘寺烧香礼佛，人们一般还会在春秋两季前往潭柘寺观赏古老的玉兰花事和银杏黄叶。每到春二月，满树银雪，随风摇曳，落英缤纷，花香扑鼻；转至秋八月，层林尽染，山山黄叶，裹挟于香烟缭绕之中——凡此种种，无不是感人至深的季语。可见，"香"的主题不仅关乎出世的丛林奥义，也牵连着常人切身感受到的人间绝景。

　　浪漫之外，设计企望能够以一条"香"产业，来带动和活化整个檀谷社区甚至潭柘寺镇。借鉴同在门头沟区的妙峰山玫瑰谷曾以玫瑰产业拉动当地经济发展的前例，在本方案中，对于生态原因限制了第二产业的潭柘寺镇，笔者策划以鲜花种植为代表的观光农业、香料制作加工及销售、"香"相关的第三产业等途径为十几个自然村的老百姓提供生活收入的新渠道。"香""花"簇拥的地段，在适当的润饰之下，还将作为檀谷社区花园为业主居民开放，成为社区邻里的休憩角落，让来此置业的人们不在跳出城市孤岛以后又陷入"山居"的枯燥。对于参拜潭柘寺的游客们，C7 地段兴许成为旅程中的中转驿站和补给中心。

　　策划最终命名为"众香界"，该项目不只是局限于 C7 地段的单纯设计，而是潭柘寺镇观光的起点，也是打通三营（营销、营造、营运）、落实人文的完整策划。

具体营造策略

十里花之香道

　　切入设计的第一个基于潭柘寺镇尺度的落脚点。从 C7 地段起，至潭柘寺山门结束，十里道路两边，联系市政方面将行道树或沿街植被规划成以潭柘寺著名的玉兰花树等为代表的色叶植物，于是 5km 长的道路摇身一变成为了"十里花之香道"。每到春秋合适的节令，自地段至潭柘寺的一路上满树花开或黄叶纷飞，再于日落后 17 时起，到 20 时左右为止，为花树点灯，十里长街，尽花灯辉映，花灯双供，至于佛前的景象，有潜力成为吸引京城游客的一处亮点、京西潭柘的美丽风物诗乃至新燕京八景之一。

　　从潭柘寺镇尺度深入 C7 场地尺度，项目在不同位置设计了符合"众香界"主题的建筑空间节点。

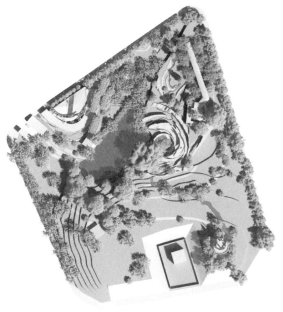

项目总平面图

新燕京八景·玉兰灯供/潭柘秋灯
从"众香界"出发到潭柘寺山门角上的花之香道，应四时花事、节庆、法会，在夜间17:00-20:30点亮十里山灯，不仅是对潭柘古佛殊胜的灯供养与香供养，更是潭柘寺镇、京西乃至京城新的风物诗。

十里花之香道的设想

众香界公交站

　　众香界西北角是"众香界公交站"。时节来临后，十里花之香道有大量游客前来观光，然而并非所有人都有能力或兴趣全程步行，需要接驳车把部分游客从众香界送至潭柘寺山门。夜幕降临以后，人们在此上车，一路观赏璀璨花灯，直到寺前下车。在花季黄叶季之外的常时，这条线路将作为潭柘寺镇域公交的补充，为潭柘寺小学、潭柘寺中学、清华附中潭柘寺学校以及檀谷业主、本地村民们的出行提供便利。

花季来临的众香界公交站

从众香界公交站北望十里花之香道

香之客厅

　　紧邻"众香界公交站"的是"香之客厅"区域，这里将作为众香界主要集散点。屋檐下、树丛中的地方，既是檀谷居民们日常休憩的场所，也会成为定期的生活集市——待香之客厅落成以后，这里将会代替众香界西边原来定期集会的潭柘寺市场，成为村民们贩卖生鲜产品的地方，居民和中转歇脚的游客也可以借此买到一些新鲜东西，一举两得。玉兰花开之时，这里也会被繁花包围。

"香之客厅"的休息空间

兰因馆

　　香之客厅旁边的建筑是"兰因馆"，这里是推广众香界IP、流通香产品的主要平台。香水、香料、鲜花、芳香食品、檀谷文创周边等系列产品都将在这里进行展示和销售。作为特色体验店，内部展品陈列以临时性装置为中心布置，天花上悬挂的鲜花试管、地上摆放的"perfume tube"，以及其他各种特色展陈，在视觉吸引力之外，还会营造香氛氤氲的环境，以一种轻柔的方式将进入其中的人全方位包裹起来。

"兰因馆"室内展陈和临时装置

容膝庵檐下的临水空间

容膝庵

在香之客厅不远处的小品建筑是容膝庵。与热闹的香之客厅不同，这个被花树环抱的小草庐是更幽静的去处。俯身进入的矮小屋檐下，人们可以靠着竹椅闲坐，背后就是潺潺的湖面。若要正襟危坐读书，可以将脚放在竹椅和台凳间的水槽里泡一泡；如果读累了想要歇一歇，可以将腿抬起来平放在台凳上。

花林及爬山廊

再往里走就是一片花林。玉兰花开以后，华灯初上，走入百花深处，高反射的镜面倒映满树银雪，坐在镜面上，上下一白，只有花与灯。从花林再往上走进入爬山廊。秋高气爽之时，除了潭柘寺的山山黄叶，作为补充的众香界同样可以"层林尽染"。廊两侧一丛一丛的红叶黄叶映照在玻璃顶棚上，满目都是火一样燃烧的景色。

花林深处的镜面反射形成的场景

秋季来临后爬山廊上的景色

香积山房

　　最后来到的是众香界的香积山房。这里以"冷泉热汤"为核心概念打造。外围区域半露天，与自然环境联通，流水汇聚成一泓清泉，在斑驳的日光花影下，踩水、戏水，好不快活。内侧部分是室内热汤区域，香蒸 SPA 的雾气中，沿着粗糙的石壁行走于廊道上，侧身一窥，发现石壁中还开凿有大大小小的石窟，人们正坐在石窟中享受芳香热水浴。继续绕着石壁走到最深处的公众水池。花季来临，攀附在网架上的繁花次第怒放，阳光下、夜光中，满捧飞雪，落花入水。在花下泡澡、喝茶、欢饮、畅谈，真如张潮在《幽梦影》中的描绘。

"香积山房"外围冷泉部分空间

"香积山房"内侧热汤部分空间

"香积山房"最内侧公共浴池

滨水街区疗愈主题馆设计

TRANQUIL CITY: Healing Pavilion of Waterfront Urban Design

作者　　　　　董欣儿
Author　　　　Dong Xiner

指导老师　　　朱文一
Tutor　　　　 Zhu Wenyi

本科四年级毕业设计
Graduation Project for 4th Year Undergraduate Student

项目简介

　　很有幸能在这里分享我的四年级春季学期本科毕业设计，课程以"气场"为题，朱老师要求我们自己于所在城市选择一处曾经的人气场所，通过策划和概念性城市设计以及局部建筑设计，使之焕发出新的活力。我选址于家乡浙江宁波，东南沿海港口城市，三江交汇水绿资源丰富；设计地段位于镇海区隧道北路附近，在进一步规划整治中甬江畔工业厂房被腾空，用于滨水街区和滨水公园的更新开发。场地交通便利，周边有2号线和过江隧道通过，但是抵达江边的步行可达性有待提升，滨水地带的横向连接也被原工业码头和废弃厂房阻断。在城市设计层面，方案着力于构建一套贯通的慢行体系，连接城市社区与滨水景观公共设施，并对整体景观环境进行勾画畅想，希望在这里周边居民可以亲近自然植物与水岸疗愈身心。建筑设计部分放在了紧邻江边的地块，是一处正在拆迁的城中村，整合南部遗存的厂房体量设计了具有较强公共性的疗愈主题馆，具备图书馆，咖啡厅，艺术展览，水疗室和各类泳池场所，艺术品悬挂在通透的玻璃中庭，人们在温热的池子里静息，看向室外草坪上奔跑游戏的儿童。

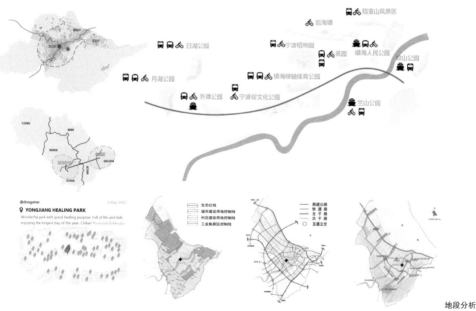

地段分析

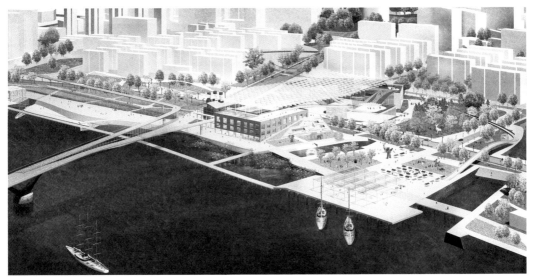

城市设计轴测图

城市设计

　　在不同尺度规划上，方案考虑了和城市街块、社区单元的纵向可达与渗透，以及沿岸的横向连通与变化。场地内构建了一套考虑步行和骑行需求的慢行系统，现状滨江路在场地内断裂，岸线形状破碎，方案连通了机动车道，设置横向贯通的滨江步道，整合次级社区路网，增强横向与纵向可达性。在景观联系层面，把后方的城市公园延续过来，构建步行可达的滨水公园，与沿内河的景观廊道，希望这处公园也能作为跨江的起点激活对岸，在此处江面新做一座 10m 高人行桥，根据通航需求可以分段旋转调整。在保留场地中部分工业遗存的基础上，植入滨水景观和小型城市公园，这片绿意的核心即是向所有人开放的滨水疗愈主题馆。

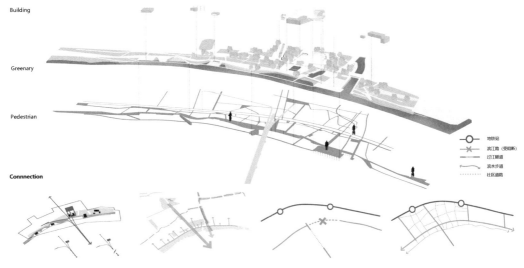

场地连接

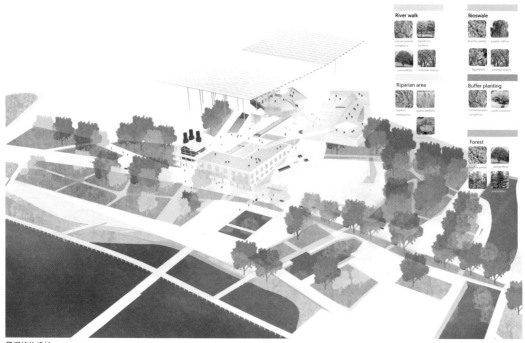

景观植物设计

　　结合场地特征设置公共休闲为主导的一系列功能，如东侧这块地原为船坞厂，为其重新蓄水成为公共泳池，并在滨水广场做了一系列亲水台阶与步道提供市民休闲娱乐。设计中增加了对岸线丰富度的考虑，随着潮涨潮落人们能够获得多样的亲水体验。亲近自然植物对疗愈具有重要意义，这里总结提出了滨水植物设计的导则，对场地内的植物类型进行分类和大体设计如上图所示。总体希望这片工业水岸经过整合后变成一处滨水宝地，吸引居民健身活动。

功能策划

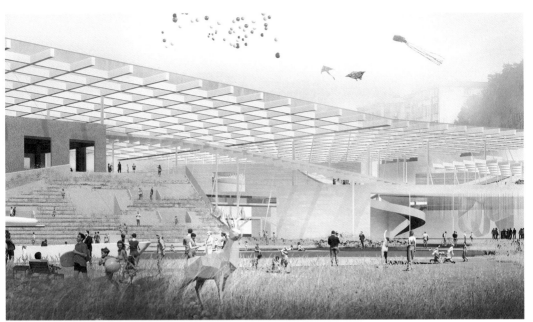
东侧滨水广场

疗愈主题馆

　　疗愈主题馆分为南北两区，中间跨过一条机动车道，东侧朝向船坞厂遗址和景观绿地，西侧与城市界面相邻，南区利用了原有厂房朝向江景打开，北区为新建体量，内部有供市民活动，提供艺术展览以及室内泳池的大空间，希望整体营造一种自然气息浓厚轻松有活力的公共疗愈氛围。新建区域，实体部分由三个角度微调的方盒子组成，周围是 25m 的通高玻璃中庭，折面透光屋顶指向水面，整座建筑试图和环境融合，在内部方盒间彼此也形成对话。方案的亮点之一是连接南北馆的一条百余米水线，解决了如何跨越滨江路的问题，并将水的元素植入老厂房，视野延伸至宽阔的江景中收尾。

疗愈主题馆北区

室内泳池及连接南北馆的一条百余米水线

在这片滨水场地中，容纳了各种各样与水，与植物，与公共艺术等相关的市民活动，是在高密度住区和城市广场无法提供的疗愈氛围。从船坞厂公园看过去，比较有生机和艺术气息的滨水公共空间，在通透的玻璃体量间有实体的大空间和形态轻松的坡道连接。从建筑北面入口，人们进入这个玻璃中厅后可以看到一些悬挂的艺术品海报之类的，这个中庭不收取门票，向任何人开放。

立面透视

一层平面   二层平面

疗愈主题馆北区功能具有较强的公共性，内设图书阅览，艺术展览，水疗健身等项目，南部厂房改造区域也植入了水疗与运动功能，更重要的是它向江景打开，底层人们能自由穿行，滨水流线不被阻断，并且与船坞厂场地进行对话，和北部有机地整合在一起。

疗愈主题馆南区

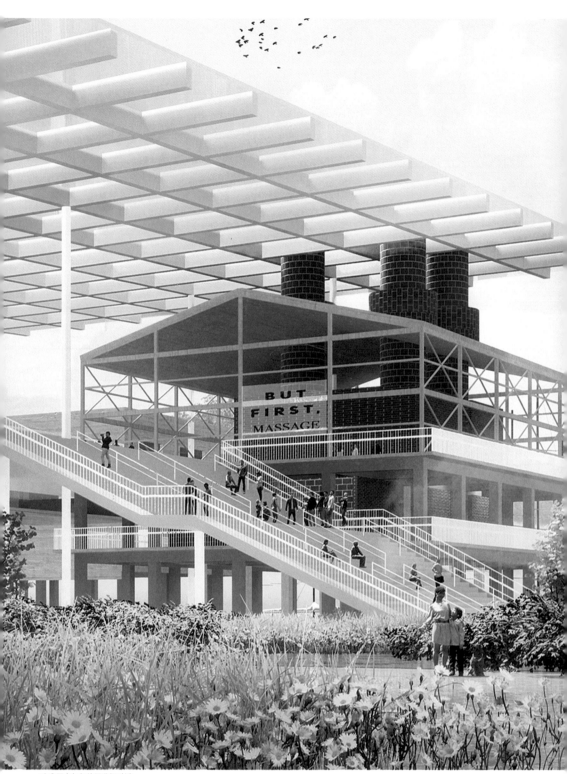

改造厂房与船坞厂进行对话

从平面上可见我纳入了不同尺度、不同属性的泳池系统，从宽阔的江景到小型团体，或者一个人的水疗池，水不断地出现、被使用，与建筑材质及周边环境共同营造宁静的城市疗愈氛围。

室内泳池

不同尺度不同属性的泳池系统

结语

　　从整体城市设计出发，在构想滨江开放空间体系下，结合国内外有关健康城市的有关项目及活动倡议，提出"tranquil city"的设计理念，整合场地内工业遗存，梳理滨水景观通道，植入以市民公共活动为主的新兴建筑功能，使之成为一片滨水疗愈宝地。愿宁静城市能够给予每个人享受户外自然的珍贵机会，与家人朋友相处的美好时光。

马来西亚华人新村民众会堂设计研究
——以沙叻秀新村为例

Study on the design of people's hall in Malaysia Chinese New Village – Salak South New Village as an example

作者
Author

李敏慧
Lee Min Hui

指导教师
Tutor

朱文一
Zhu Wenyi

国际研究生班毕业设计
Graduate project for EPMA

华人新村——马来西亚半岛独有的聚落
Chinese New Village-A unique settlement in peninsular Malaysia

华人新村是一种仅见于马来西亚半岛的聚落。随着城市化进程的推进，华人新村面临着各种各样的问题，公共空间的再生可以帮助振兴华人新村。设计目标将包括两个尺度的设计项目——沙叻秀社区中心和沙叻秀新村整体规划。

Chinese New Villages is a unique type of settlement found only in Peninsular Malaysia. With the urbanization, Chinese new villages face various problems. Public space regeneration could be the key to revitalize new villages. The research's design goal will involve two-scale, architecture intervention-community hub proposal and master planning proposal.

| Ageing & Losing Population | Poorly maintained Infrastructure | Lack of new Industry/Opportunities | Relatively low education & cultural level |

华人新村的困境 Dilemmas of Chinese New Village

沙叻秀华人新村
Salak South New Village

沙叻秀新村是吉隆坡仅存的几个华人新村之一。该村在周边地区得到开发的同时，仍然保留了其独特的地貌、自然风光和开放的社区文化。然而，周边的发展并没有改善村子的状况，反而加剧了城市与新村之间的差距。 从现场分析来看，需要解决的几个问题包括：当地文化流失、公共空间减少、公共空间系统零散和连通性差、缺乏对不同使用者的全面考虑、单调枯燥的规划与设计。

Salak South New Village are the few remaining new villages in Kuala Lumpur. The village still preserves its unique landform, natural scenery and open community spirit while the surrounding regions have been developed. However, the surroundings developments did not improve the village's condition but created a gap between city and urban village. From the site analysis, a few issues are to be addressed: Losing locality and identity, declining public space, fragmented and poor connectivity public space system, lacking overall consideration for users and monotonous program and unthoughtful design.

Middle-low Income

Salak South New Village is an urban village located in Kuala Lumpur, the area of the village is approximately 108 hectares. Salak south new village is one of the three new villages still exist in capital city. It formed in 1948, was originally a tiny hillside village but graudually develop and was once a lively and vibrant town. It began to fall due to new development and imbalance of development resources.

Site Introduction

Residents
The population once boosted to 10000, but shrink to around 5000 now. Majority are Chinese and elderly due to losing population, especially youngster.

Topography/ Landscape
Interesting landform, human scale streets and natural landscape create a livable environment

Culture/Custom
A community with rich scene memories and a strong local tradition

Regional architecture
Structure, details, materials of each household, cataloging every drop of it's long history.

Economy and Industry
Home factory and traditional crafts

场地简介 Site brief

设计第 1 部分：沙叻秀新村整体规划
Design Part 1: Master plan proposal

3R Strategy

Revive: Dying nodes → **Reconnect:** Nature and human → **Re-establish:** Public space system and community

3R 策略 3R Strategy

整体规划提案 Proposed master plan

Community Landscape
Ecological Landscape
Transitional Landscape
Productive Landscape
Residential
Commercial
Industrial
Religious
Education
Proposed open public space
Regenerative public space
Upgraded pedestrian friendly route

3R 策略可分为三个部分：复兴垂死的节点、重新连接自然与人、重建公共空间系统。每个部分都将针对不同的元素与层次，旨在发展沙叻秀新村的同时保留其独特的地方特色和营造社区。

The proposed 3R strategy can be divided into three parts: Revive dying nodes, Reconnect nature and man, and Re-establish the public space system. Each part will target different layers and elements, aims to develop the village while preserving its unique local characteristic and revive the community.

115

拟议的整体规划将唤醒场所记忆，强化当前生活廊带，为未来变化做好准备。创造一个有韧性的社区，促进文化融合，带来更多机会和提高生活质量。适应性公共空间体系形成了一个新的华人新村原型——一个处于未完成状态的村庄，不断进化和适应不同的情况，并且不受时间的限制。

Together, the proposed master plan will recall local memory, enhance current life and prepare for the future. Creates a resilient community, promotes cultural integration, brings more opportunities, and improves living quality. The adaptive public space forms a new urban village prototype–a village in the state of unfinished, continually evolve and adapt to different situations and not limited by time.

设计第 2 部分：沙叻秀社区中心
Design part 2: Community hub proposal

Existing site condition

Site area: 7600m²
Site surroundings: Dining spot, open spaces, housing, shop lot
Existing building condition: People's hal, library, basketball court, kindergarten, pocket park

Zoning

■ F&B
■ Shop
□ Facilities
□ Culture
■ Education
■ Factory
□ Empty Lot

It is next to the main road and surrounded by different facilities, connected to residential area

Site terrain

The people's hall is acting as a blockage, the strong boundary is unfriendly for public activities

微场地现况 Micro site condition

Accessibility to site

The rigid planning and layer of fencing isolates the site and disconnect from neighbourhood. Only one main entrance and sub-entrance for visitor

民众会堂是华人新村成立以来最重要的公共空间之一。场地面积约为7600m²，由六栋建筑占据。位于主干道旁，周边配套设施齐全，与住宅区相连。但由于呆板的规划和围栏层使场地与社区隔离和脱节。除此之外，现有的设计和功能枯燥单调，不同建筑、不同场地空间之间缺乏互动性。

People's hall is one of the most important public spaces in Chinese new village since its establishment. The proposed site area is 7600m² and occupied by six structures. It located next to the main road, surrounded by facilities and connected to the residential area, but due to the rigid planning and layers of the fencing, the site is isolated. Besides that, the existing design and program are uninspiring and monotonous, and lacking interaction between different buildings and spaces.

Extract & translate the positive qualities of "unfinished" into an architectural language to maximize their potential and create an architecture in transformation

Unfinished: Architecture in transformation
- Salak South Community Hub

Reflected the positive qualities on **4 layers**

Possibilities	Adaptability	Inclusiveness	Transformative	Convert →	Form / Image	Spatial	Structure	Community
Awaken curiosity and imagination. A world full of possibilities	Unfinished events creates an adaptive and responsive system	Unfinished parts welcome different interpretation imagination and thinking	Unfinished connects people to the future, bringing new opportunity through transformation		Interactive facade with possibilities, recall memories, transform to different situation	Connect people through engaging multifunction surface & meaningful blankness	Adaptive modular building system able to reassembled over & over	Bottom-up public engagement encourage community active participation

设计概念 Design concept

　　沙叻秀社区中心的设计方案集中于探索建筑中"未完成"，演化和留白的概念，并且将其理念组织转化为建筑语言和设计策略，以最大限度地发挥其潜力—适应性、变革性、进化能力、包容性和可能性。此设计概念使沙叻秀社区中心成为一个演变中的建筑，可以随着时间不断调整和发展，随着来来往往的人们变得更加充实，丰富多彩，并永远不会完结。

　　The concept explores the idea of "Unfinished", transformation and blankness in architecture, organizing and translating the idea into an architectural language and design strategies to maximize its positive qualities, such as adaptability, transformative, inclusive and possibilities. The concept helps to create an architecture in transformation, make the community hub able to adjust, evolve, and adapt over time continuously.

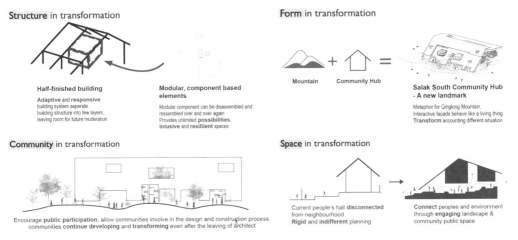

Structure in transformation

Half-finished building

Adaptive and responsive building system seperate building structure into few layers, leaving room for future moderation

Modular, component based elements

Modular component can be disassembled and ressembled over and over again. Provides unlimited **possibilities**, **inlusive** and **resilient** spaces

Form in transformation

Mountain + Community Hub = **Salak South Community Hub - A new landmark**

Metaphor for Qinglong Mountain, Interactive facade behave like a living thing **Transform** accoording different situation

Community in transformation

Encourage **public participation**, allow communities involve in the design and construction process. communities **continue developing** and **transforming** even after the leaving of architect

Space in transformation

Current people's hall **disconnected** from neighbourhood **Rigid** and **indifferent** planning

Connect peoples and environment through **engaging** landscape & community public space

设计策略 Design strategies

　　"未完成"的设计策略可以在不同层面上实施，其中包括形式、结构、空间和社区营造。结合这四层策略使用户能够不断地参与设计、建造、重新组装和改造。

　　The design strategies can be reflected on four layers: Form, structure, space and community. Combining these layers empowers the user to engage in design, construction, reassemble and transformation constantly.

　　场地的处理将孤立的民众会堂转变成一个属于所有人的社区中心。

　　The treatment applies to the site transform the isolated people's hall into a community hub that belongs to everyone.

Site development

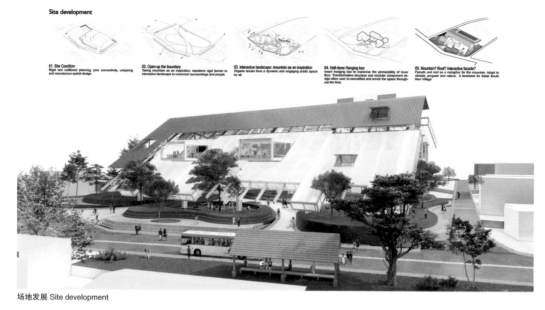

01. Site Condition:
Rigid and indifferent planning, poor connectivity, uninspiring and monotonous spatial design

02. Open-up the boundary
Taking mountain as an inspiration, transform rigid terrain to interactive landscape to reconnect surroundings and people

03. Interactive landscape: mountain as an inspiration
Organic terrain form a dynamic and engaging public space for all

04. Half-done Hanging box
Insert hanging box to maximise the permeability of lower floor. Transformative structure and modular component design allow user to remodified and enrich the space throughout the time.

05. Mountain? Roof? Interactive facade?
Facade and roof as a metaphor for the mountain. Adapt to climate, program and nature. A landmark for Salak South New Village.

场地发展 Site development

底层从自然中生长
Ground floor. Grow from nature

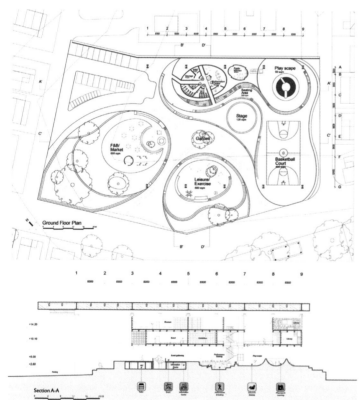

底层平面图 & A–A 剖面
Ground floor plan & section A–A

互动景观的设计以当地著名的青龙山为灵感重新构想了场地的独特地形，并将其与各种功能和空间相结合，成为连接人和场地的共享平台。

The mountains inspire the design of the interactive landscape on the ground floor. It reimagines the unique terrain of the site and integrates it with a variety of programs and spaces, becoming a sharing platform connecting people and places.

资讯中心和底层内部景观 Information centre and ground floor

一层平面图 First floor

一层公共客厅
First floor. Place for all

一层的设计将地貌和周围环境设想为在景观和社区公共空间之间编织叙事的机会，通过一系列的下沉和上升空间将人们聚集在一起。它同时将作为一个多功能的空间，提供绿色开放活动空间、餐饮、舞台和运动区。

The first floor envisions the landform and surrounding context as an opportunity to weave a narrative between landscape and community public space, bringing people together through a series of sunken and rising spaces shaped by the program's requirements. It serves as a multifunctional surface, provides a greenery area, F&B, stage and exercise zone.

119

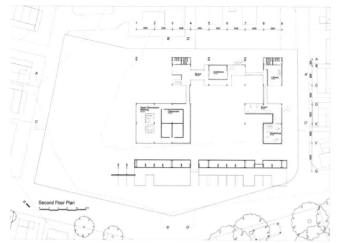

二层平面图 Second-floor plan

二层悬吊的盒子
Second Floor. Hanging box

上层的内部空间被置入悬挂结构中，二楼设置了幼儿园、工作坊、展示区、讨论区等一系列教育体验空间。

Internal spaces on the upper floor are inserted into the hanging structure. A series of educational and experiencing spaces, such as kindergarten, workshop, exhibition area, discussion area shared between local and outsiders, are placed on the second floor.

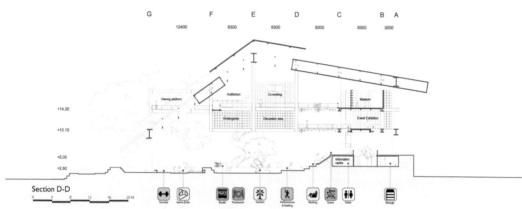

D-D 剖面 Section D-D

工作坊，幼儿园，悬吊走廊 Workshop, kindergarten, second-floor hanging walkway

模块化组件使室内充满活力，模糊了室内和室外的界限。

Modular component animates the interior, weave the transparency between indoor and outdoor.

120

三层空中平台
Third floor. Floating platform

社区中心也将作为共享信息、文化，和创造的平台。因此，三楼引入了各种共享合作空间，鼓励人们进行思想交流和吸引人才。

The community hub is a node for sharing information, culture, and a platform for creation. Therefore, the third floor introduces various collaboration spaces for the visitor, encouraging people to exchange ideas, work and attract talents, especially youngsters.

使用者可以依照不同的情况和需求自定义内部和外部之间的关系。弹出式结构允许人们在欣赏新村美景的同时进行需要高度集中注意力的活动。

Users can customize the relationship between interior and exteriors to cater for different situations and needs. The pop-up structures allow people to do activities that require high concentration while enjoying the scenic view of the village.

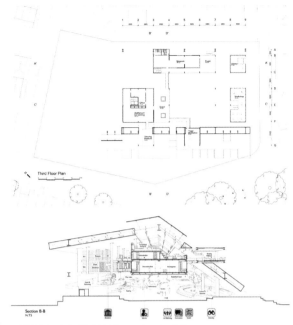

三层平面图 & B-B 剖面 Third floor and section B-B

建筑系统
Building system

建筑物的结构可以分为 4 个部分：

1. 主要的钢结构承载荷载并支撑框架。

2. 二级结构，悬挂桁架，悬挂夹下降支撑主体结构。

3. 三级结构将采用机械方法组装的模块化组件，填充悬挂结构。

4. 最后是装修和立面的细节。

The building's structure can be separated into four parts:

1. The primary steel structure carries the load and supports the framework.

2. Secondary structure – hung truss, hanging clip are descending to support the main structure.

3. The tertiary structure will be the modular component layer.

4. The last part are details, finishing and façade.

图书馆，冥想室和观景台 Library, mediation room and viewing platform

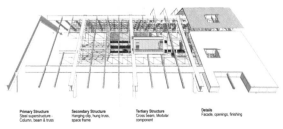

结构系统 Structural system

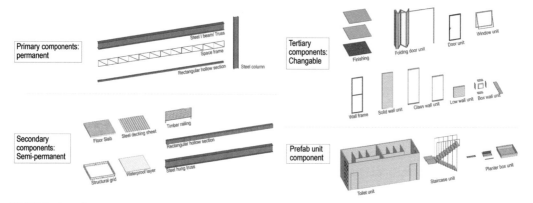

组件目录 Catalogue of component

　　模块化组件可根据灵活性和使用寿命分为四种类型，它们可以灵活地重新排列和组合。社区中心的主体和悬挂结构将由专业人员建造，模块化层则由当地人按照提供的手册在现场组装。社区中心将成为社区发展的催化剂，产生积极影响。

　　The modular component can be divided into four types based on the level of flexibility and lifespan, and they can be rearranged and combined flexibly. The community hub aimed to become a catalyst to promote a positive impact on society. Professionals will construct the primary and hanging structure, and the modular layer will be assembled by locals on-site by following the provided manual.

综合环境设计
Integrated environmental design

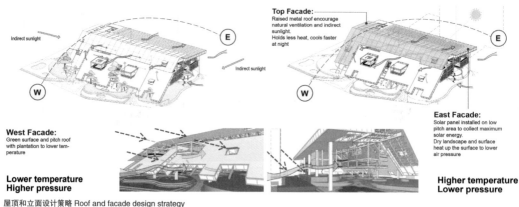

屋顶和立面设计策略 Roof and facade design strategy

　　东侧和西侧立面使用不同的材料产生温度和气压差异，改善交叉和烟囱通风，升起的金属屋顶改善自然采光。

　　West and east façade with different materials creates temperature and air pressure differences, improve cross and stack ventilation, the raised metal roof improves natural lighting.

　　该设计概念的主要目标是创建一个响应不同情况条件的变革性架构。建筑构件、空间和功能的设计具有灵活性。用户可以反复拆卸和重新组装建筑空间以适应不同的状况，例如疫情时期或其他需求改变。

　　The main goal of the concept is to create a transformative architecture that responds to different conditions. The building component, spaces and program are designed with flexibility. Users can repeatedly disassemble and reassemble the building spaces to match different conditions, such as pandemics and demands change.

西北视角 Northwest perspective

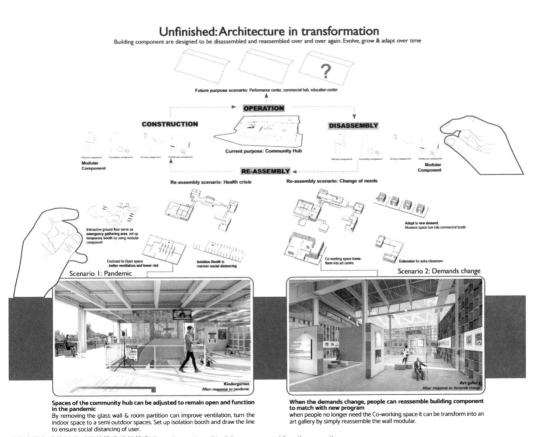

Unfinished: Architecture in transformation

Building component are designed to be disassembled and reassembled over and over again. Evolve, grow & adapt over time

Future purpose scenario: Performance center, commercial hub, education center

OPERATION

CONSTRUCTION   **DISASSEMBLY**

Current purpose: Community Hub

Primary component Secondary component Tertiary component Prefab unit component

Modular Component

RE-ASSEMBLY

Primary component Secondary component Tertiary component Prefab unit component

Modular Component

Re-assembly scenario: Health crisis   Re-assembly scenario: Change of needs

Interactive ground floor serve as **emergency gathering area**, set up temporary booth by using modular component

Adapt to new demand, Museum space turn into commercial booth

Enclosed to Open space - better ventilation and lower risk

Isolation Booth to maintain social distancing

Co-working space transform into art centre

Extension for extra classroom

Scenario 1: Pandemic   **Scenario 2: Demands change**

Kindergarten
After: response to pandemic

Art gallery
After: response to demands change

Spaces of the community hub can be adjusted to remain open and function in the pandemic
By removing the glass wall & room partition can improve ventilation, turn the indoor space to a semi outdoor spaces. Set up isolation booth and draw the line to ensure social distancing of user.

When the demands change, people can reassemble building component to match with new program
when people no longer need the Co-working space it can be transform into an art gallery by simply reassemble the wall modular.

建筑空间和功能随着时间的推移进行转变 Transformation of building space and function over time

微迁移：菲律宾搬迁社区的设计改善与提升研究

Micro Migration: Architecture Influencing the Upward Mobility of Displaced People in the Philippines

作者
Author

吴秀清
Clarisse Gono

指导教师
Tutor

张悦
Zhang Yue

国际研究生班毕业设计
Graduation Project for EPMA

原场地与迁移后场地 Original and Relocation Site

微迁移总平面图 Masterplan of Micro Migration

Legend:
Housing Clusters
● A-J (200 Units)
○ K-R (180 Units) optional

○ **Wetland Park**
● **Proposed Facilities**
2. Chapel
3. Transportation Hub
4. New Market
5. Market Extension
○ **Existing Facilities**
6. Shop Houses
7. Grocery
8. Meycauayan Public Market

10 15 20 25m

什么是微迁移？
What is Micro Migration?

菲律宾政府一直以来致力于新基础设施建设，其中的新马尼拉国际机场即将成为菲律宾未来的主机场。虽然机场建设将使成千上万的菲律宾人受益，但对于巴朗加海岸线的七个村庄的 1102 名居民而言，这将终结他们世世代代生活的家园。

The Philippine government is focusing on a lot of new infrastructure, one of them is the "New Manila International Airport" that will become the country's main airport. Although this will benefit millions of Filipinos, for some 1,102 villagers living in 7 coastal villages in Barangay Taliptip, this airport signals the end of their claims to land they have called home for generations.

此设计研究旨在探索一种人道主义途经，帮助这些未来充满不确定性的村民迁建家园。微迁移涉及三个设计重点：一个能够促进社区流动、激发经济活力的总平面，一个能够平衡建造费用和可居住性的住房概念，以及一个能够最终整合村民们独有的生活方式的新社区愿景。

This thesis is conceived as a way to humanely relocate these families who are facing an uncertain future. The proposal is a micro migration that addresses three points: the need for a comprehensive master plan that provides avenues for economic mobility, a housing concept that balances budget and livability, and a vision for the integration of the villager's unique way of life that ultimately improves their new community.

原型设计和建设方法
Prototype Design and Construction Method

提升社区住房质量是设计的重中之重。一方面，住房变得美观；另一方面，最终设计中的总平面是多重信息叠加后再定位的结果——当地政府官员可以据此开展基础设施、海绵城市系统、公共服务设施、保障性住房等各方面建设。

The point is to develop quality social housing that is capable of appreciating in value, and the final design is a multi-layer relocation plan that guides local officials in infrastructure access, sponge city systems, public facilities, and an affordable housing prototype.

雨季的住房 Housing During Wet Season

根据与住户和地方政府的访谈，设计方案中整合、保护、重塑了多样的社区设施。服务空间廊带的设计目的在于社区改善与提升——村民们可以从这里开始达到中产阶级的生活水平。

Interviews with tenants and local government are used to propose the integration, preservation, and remodeling of the various facilities within. This combination of support spaces aims to generate the effect of upward mobility—elevating these villagers into a middle-class life.

总平面着重协调了三种主要的交通网络：行人、行车、水运。交通中心是单层的构筑物，包括室内和室外的等待区、游客信息中心以及供通勤者使用的卫生间。

The master plan addresses three main mobility networks within the property: vehicular, pedestrian, and waterborne transportation. The transportation hub is a single storey structure that contains indoor and outdoor waiting areas, tourist information space, and toilets for commuters.

紧邻社区设置有小型交通工具的等候区和充足的机动车停车空间。场地中原有的旧市场被更新改造成为一个供更多居民聚集、讨论、学习新贸易方式的社区空间。

Directly adjacent to this is a waiting area for light vehicles and ample parking space for cars and other vehicles. An existing market is replaced with one that can accommodate more tenants and spaces for the community to gather, discuss, and learn new trades.

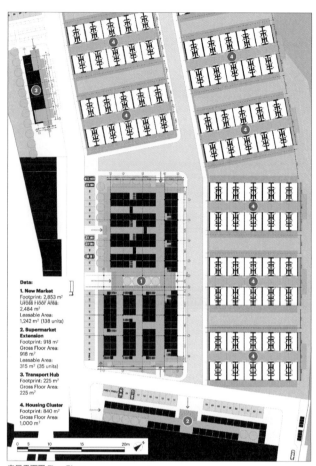

Data:

1. New Market
Footprint: 2,853 m²
Gross Floor Area:
2,484 m²
Leasable Area:
1,242 m² (138 units)

2. Supermarket Extension
Footprint: 918 m²
Gross Floor Area:
918 m²
Leasable Area:
315 m² (35 units)

3. Transport Hub
Footprint: 225 m²
Gross Floor Area:
225 m²

4. Housing Cluster
Footprint: 840 m²
Gross Floor Area:
1,000 m²

0   5   10   15   20m

底层平面图 Floor Plans

考虑到场地在梅卡瓦延河下游区域，范围较大（约 9hm²），结合绿色基础设施建设可以极大地提升街区品质。

Considering the large footprint of the site; about nine hectares, and the location being downstream of the Meycauayan river, integration of green infrastructure can greatly improve the neighborhood.

当地灌木和乔木塑造的景观空间将建筑物围合在院落内。建筑间隙中形成开放的雨水花园，花园将洪水期的表层水分流到湿地公园的生态调节沟中，最终滤往河流。

A softscape of native plants and trees protect the structures within the property, with open spaces between housing clusters becoming rain gardens that capture surface runoff during storms that filter out to the river. The waste produced by the property is then diverted towards the wetland park's own bioswale.

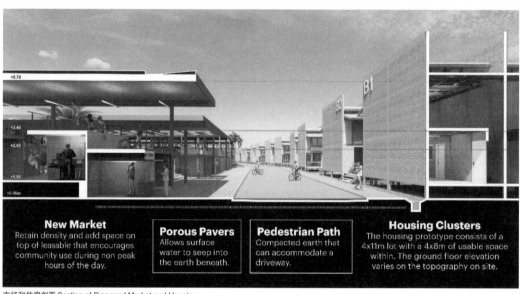

New Market
Retain density and add space on top of leasable that encourages community use during non peak hours of the day.

Porous Pavers
Allows surface water to seep into the earth beneath.

Pedestrian Path
Compacted earth that can accommodate a driveway.

Housing Clusters
The housing prototype consists of a 4x11m lot with a 4x8m of usable space within. The ground floor elevation varies on the topography on site.

市场和住房剖面 Section of Proposed Market and Housing

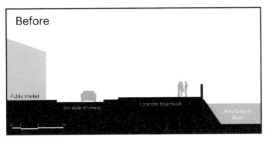

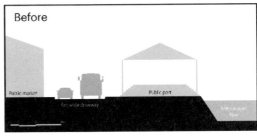

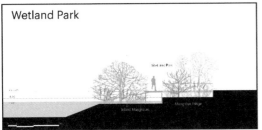

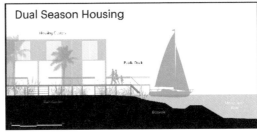

设计前后基地与梅卡瓦延河的关系 Existing and Proposed Site's Relationship with Meycauayan River

旱季的住房和雨水花园 Housing and Rain Gardens During Dry Season

教堂坐落在湿地公园的一个幽静的角落。它在陆地的边缘，可以同时从陆路和水路抵达。

Within the wetland park is a quiet nook where a chapel is located. It lies along the edge of the property and is a blend of waterborne and land accessibility.

湿地公园中的教堂 Chapel Inside the Wetland Park

教堂空间一侧供信徒崇拜，另一侧在涨潮期间供小型船只和湿地公园的参观者聚集。这种使用模式源于一个著名的、但正在缓慢下沉的巴朗加教堂。

One side is for solemn worship, While the other side opens up during high tide to create more gathering spaces for small boats and visitors of the wetland park. This is inspired by a famous one in Barangay Taliptip that was sinking slowly.

步行或水路至教堂 Approaching the Chapel by Foot or Boat

Unit Layout

Data:
Lot area: 44 m²
G/F: 8.2 m²
2/F: 32 m²
GFA: 40.20 m²

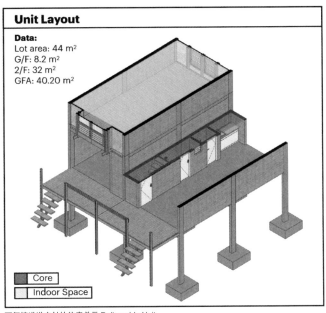

■ Core
□ Indoor Space

可便捷递送交付的住房单元 Deliverable Unit

每一个居住单元都被抬升起来，脱离地面。单元包括基本混凝土框架和预施工的木结构两部分，这两部分的关系可以由住房所有者调整。房屋中基本的功能单元，如卫生间、淋浴间、厨房和楼梯，被安排在单元之间的核心服务间中。

The housing prototype is elevated and contains the basic and difficult to build parts that make up a house, and can be easily modified by the homeowner. The utilities are located in the center where the toilet, bath, kitchen and staircase are located.

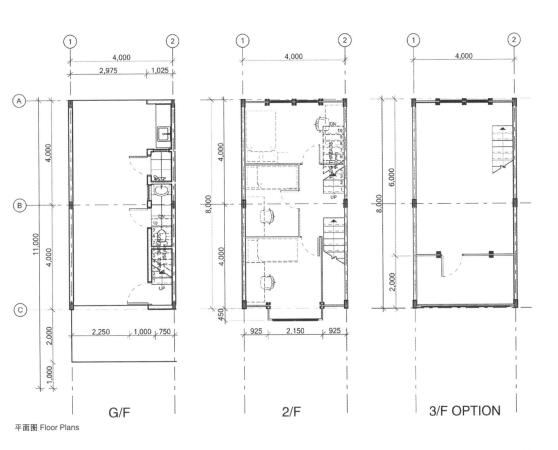

| G/F | 2/F | 3/F OPTION |

平面图 Floor Plans

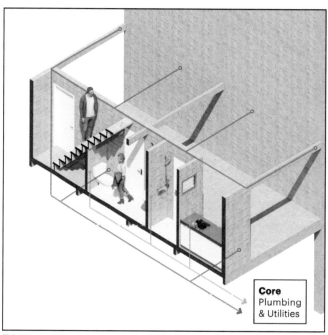

钢筋混凝土仍然是最经济的结构系统，在本设计中被用来建造核心服务间。椰子壳是便宜的、被广泛运用的材料，在设计中被运用在地板构造节点、墙板和屋顶框架中。由此，用简单的方式就创造出丰富且富有创意的材料搭配。

Concrete is still the most affordable form of structural system so it is used to provide the core members. Coconut lumber is a widely available and cheap material that is utilized in the floor joists, panels and roof framing. This creates a small material palette that is easily reproduced.

Core
Plumbing
& Utilities

服务隔间 Utilities Core

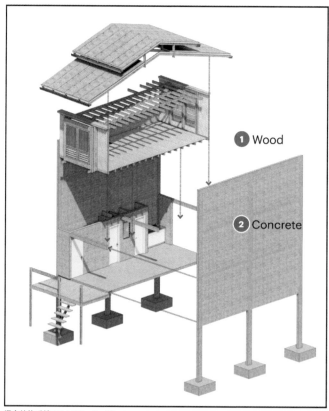

① Wood

② Concrete

混合结构系统 Hybrid Structural System

窗外生活 A Window's Life

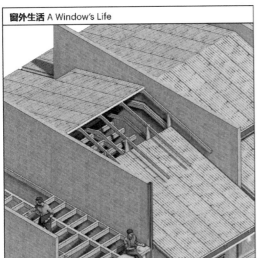

材料选取、建造与建成房屋 Material Selection, Construction and Turnover of Housing

每一个设计元素都基于村民曾经特有的生活方式。核心的建筑建造策略是用木架结构和坚固的混凝土基础穿插组合，建造形成的空间易于村民从事贸易、带来收入。

Each design element is based on existing architectural traits found in the villager's unique way of life. The core architecture solution is the intersection of this wood framing and a sturdy base that can generate income for the residents.

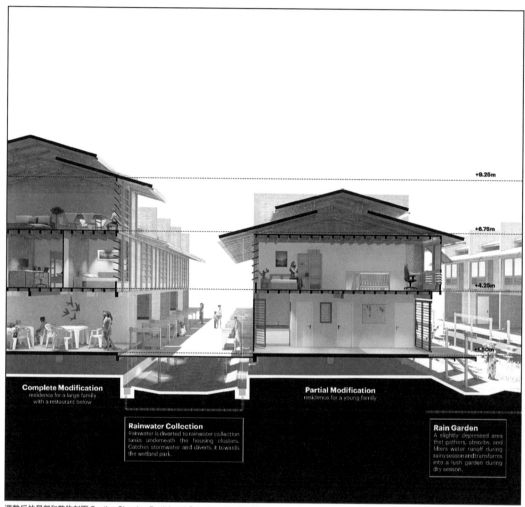

调整后的局部和整体剖面 Section Showing Partial and Complete Modification

尽管无法完全重现这些渔民曾有的生活景象，这个设计平衡了旧有生活方式和新的生活图景，可供居民们实行经济回报更丰厚的贸易方式，塑造他们的新住区。

Though it is impossible to provide the exact living situation these fishermen had previously, this project tries to balance their existing aquatic lifestyle and the chance to develop skills and training for more lucrative trades that can be incorporated into their new homes.

演变中的建筑与价值提升 Architecture That Increases in Value Over Time

结语
Summary

　　迁移后的巴朗加居民将成为社区复苏的催化剂，把梅卡瓦延城的这片区域变为复兴中的社区。设计强调了建筑在面对例如低收入阶层安置、原住民文化流失等社会问题时可以扮演的角色。原有生活与未来愿景巧妙整合，回避了冲突与异见，带来经济提升的新机遇。

The displaced villagers of Barangay Taliptip are used as a catalyst for revitalization and turns this area in Meycauayan City into a thriving community that highlights the ability of architecture to address social problems like poor income generation and the gradual loss of culture. Integration is seen as an opportunity for economic mobility rather than a source of conflict or disagreement.

图书在版编目（CIP）数据

关肇邺设计奖作品集 . 2021 = Awarded and
Nominated Graduation Designs for GUAN Zhaoye Award
（2021）/ 清华大学建筑学院编 . — 北京：中国建筑工
业出版社，2022.9
ISBN 978-7-112-27703-2

Ⅰ. ①关… Ⅱ. ①清… Ⅲ. ①建筑设计—作品集—中
国—现代 Ⅳ. ① TU206

中国版本图书馆 CIP 数据核字（2022）第 141529 号

责任编辑：杨　琪
责任校对：董　楠

关肇邺设计奖作品集（2021）

Awarded and Nominated Graduation Designs for GUAN Zhaoye Award (2021)
清华大学建筑学院　编
＊
中国建筑工业出版社出版、发行（北京海淀三里河路 9 号）
各地新华书店、建筑书店经销
北京雅盈中佳图文设计公司制版
北京富诚彩色印刷有限公司印刷
＊
开本：787 毫米 ×1092 毫米　1/16　印张：9　字数：214 千字
2023 年 6 月第一版　2023 年 6 月第一次印刷
定价：99.00 元
ISBN 978-7-112-27703-2
（39894）